国家海洋公益项目“溢油灾后处置决策支撑技术研发集成与示范
——溢油海洋渔业影响综合评价”（201305002-6）经费资助
大连海洋大学“蓝色学科建设工程”专项经费资助

中国海域资源资产经营研究

理论·方法·应用

贺义雄 著

东南大学出版社
SOUTHEAST UNIVERSITY PRESS
·南京·

图书在版编目(CIP)数据

中国海域资源资产经营研究:理论·方法·应用/贺义雄著. —南京:东南大学出版社,2016.6
ISBN 978-7-5641-6570-3

Ⅰ.①中… Ⅱ.①贺… Ⅲ.①海洋资源-资产管理-研究-中国 Ⅳ.①P74

中国版本图书馆 CIP 数据核字(2016)第 132922 号

中国海域资源资产经营研究:理论·方法·应用

出版发行	东南大学出版社
出 版 人	江建中
社 址	南京市四牌楼 2 号(邮编:210096)
网 址	http://www.seupress.com
责任编辑	孙松茜(E-mail:ssq19972002@aliyun.com)
经 销	全国各地新华书店
印 刷	江苏凤凰数码印务有限公司
开 本	880 mm×1230 mm 1/32
印 张	7
字 数	202 千字
版 次	2016 年 6 月第 1 版
印 次	2016 年 6 月第 1 次印刷
书 号	ISBN 978-7-5641-6570-3
定 价	39.80 元

(本社图书若有印装质量问题,请直接与营销部联系。电话:025-83791830)

目　录

第1章 海域资源资产经营研究述评

1.1　海域资源资产经营的提出与演化

海洋实践活动实际上是作为主体的人与作为客体的海洋之间相互作用的过程，在这个过程中产生了三大矛盾关系：人与海洋、人与工具、人与人。这三对矛盾集中表现在涉海人际关系的协调和涉海资源的配置上，而我国海域资源资产使用管理正是在协调关系、配置资源、处理矛盾的过程中产生的。我国政府正式提出海域使用管理的概念始于 1993 年《国家海域使用管理暂行规定》的颁布，而海域使用管理正式纳入法律范畴则可追溯到 2002 年《中华人民共和国海域使用管理法》的出台实施。但海域资源资产经营均以政府行政为主，至国家海洋局 2011 年度工作报告中首次提出海域资源市场化配置问题，标志着市场化经营配置海域资源资产着手实施。因此，可以将我国海域资源资产经营发展依时间划分为四个阶段，即萌芽阶段、起步阶段、确立阶段和发展阶段。

1. 萌芽阶段(1993 年之前)

1993 年以前，在海域资源资产经营法律上基本是空白，海域资源资产经营处于萌芽状态，无法可依、无章可循，海域资源资产经营实际上是自由配置，未纳入经济体制范畴。

这一阶段的特点有：一是海域资源资产所有权不清，传统观念占据主导地位，导致经营的产权不清晰。二是用海类型比较单一，以渔业用海、交通运输用海和盐业用海为主，导致经营客体相对单一。三是有关行业的海域资源资产使用处于各涉海部门分散分割管理的状态，海域资源资产经营管理相对混乱。

2. 起步阶段(1993—2001 年)

1993 年至 2001 年，以《国家海域使用管理暂行规定》的颁布为标志，海域资源资产经营进入了有章可循却无法可依的阶段，海域资源资产经营开始纳入经济体制范畴。

这一阶段的特点有：一是新的用海形式不断出现，资源利用多样化。由于海洋开发利用方式逐渐多样化，新的用海形式不断出现和增加，例如工矿用海、旅游娱乐用海、海洋工程用海、排污倾倒用海、围海造地用海以及其他特殊用海大量出现。二是海洋开发利用的主体多元化。特别是一些外商也开始在我国海域资源资产投资从事开发经营活动，外商在投资我国海域资源资产时，要求我方对使用的海域资源资产进行报价，并且要求取得期限较长的海域资源资产使用权，因而迫切需要尽快制定有关的法律法规。三是不同类型用海之间对特定海域资源资产的竞争加剧，用海矛盾突出。由于海洋开发带来的收益也刺激投资者开发海洋的热情，在当时所有这些用海类型一般都需要直接占用、支配特定海域资源资产才能进行，海域资源资产的稀缺程度不断加大，因而产生了不同类型用海之间对特定海域资源资产的竞争，海域资源资产使用一度出现了“无序、无度、无偿”的现象，尤其是养殖与港口锚地、养殖与滨海旅游、盐田与养殖、排污与滨海旅游、排污与养殖以及海洋开发与国防设施安全等一系列矛盾日益突出，特别是养殖海域资源资产单方面的确权往往导致了其片面的发展，侵夺了其他海洋产业发展所必需的海域资源资产，加剧了行业用海的矛盾和纠纷。在这种背景下，国家海洋局和财政部经国务院授权，于1993年5月颁布实施了《国家海域使用管理暂行规定》，明确在海域资源资产属于国家所有的基础上，提出了"海域使用权"的概念，具体规定了海域使用许可和海域有偿使用两项制度，规范了转移海域资源资产使用权的出让、转让和出租等三类方式，并规定"国家保护海域使用者的合法权益，任何组织和个人不得侵犯"，使得海域资源资产经营有了初步的规范。

3. 确立阶段(2002—2011年)

2002年以来，以《中华人民共和国海域使用管理法》出台为标志，海域资源资产经营进入了有法可依、有章可循的阶段，海域资源资产经营完全纳入经济体制范畴，并以政府经营为主、市场经营为辅。

这一阶段的特点有：一是海洋经济快速发展为经营提供了物质基础。随着海洋开发活动的不断增多，港口、石油、渔业、旅游、矿产、盐业等行业竞相发展，产业规模不断扩大，海域资源资产开发利用方式逐渐多样化，我国海洋经济取得了快速增长，在企业利润的刺激下，引发了海洋大开发的热潮。二是法制建设不断完善为经营提供了法律基础。为了从根本上遏制海域资源资产使用"无序、无度、无偿"的局面，从上个世纪90年代后期，国家立法机关启动了海域资源资产使用管理立法工作。2000年，我国海域资源资产使用权公开招标的第一例发生在山东海阳市。2001年10月，全国人大常委会审议通过了《中华人民共和国海域使用管理法》，建立了海洋功能区划、海域权属管理、海域有偿使用三项基本制度，明确规定海域资源资产属于国家所有，单位和个人使用海域资源资产从事开发活动，必须依法取得海域资源资产使用权。2002年以来，国务院批准实施了《报国务院批准的项目用海审批办法》等6个规范性文件；国家海洋局制定或会同财政部制定发布了《海域使用权管理规定》《海域使用权登记办法》《海域使用金减免管理办法》等20多个规范性文件。沿海11个省市已全部出台了地方性法规和政府规章。三是关于海域资源资产使用权是否属于物权之辩将经营问题引入了民事法律规范的范畴。海域资源资产使用权是否属于物权之所以关系到海域资源资产经营问题，有多方面原因，如在产权方面，海域资源资产使用权纳入物权范围，将给海域资源资产使用权人在民事权益保护上犹如送上一个“护身符”。2007年3月，《中华人民共和国物权法》正式颁布后，海域资源资产使用管理进入了物权管理的阶段。海域资源资产作为民法上的物，成为了民事规范的对象。《中华人民共和国物权法》以民事基本法律的形式确立了海域资源资产物权制度，巩固了《中华人民共和国海域使用管理法》的立法成果，使得海域资源资产经营的法律依据更加厚实。

4. 发展阶段(2011年以后至今)

在国家严把建设用地“闸门”的情况下,沿海地区迫切需要向海洋索要发展空间,海洋成为缓解土地缺口的重要途径,国家以及沿海地方把资源开发的目光投向了蓝色国土。国务院先后批准了辽宁沿海经济带、天津滨海新区、山东蓝色半岛、江苏沿海开发区、舟山群岛新区、福建海峡西岸、广西北部湾、海南国际旅游岛、大连金普新区等一系列沿海区域发展规划,陆续出台了一系列重点产业振兴规划,石化、钢铁、造船、火电、核电等工业项目大规模向沿海地区转移。因此,海域资源资产经营更受到越来越多的关注和重视。尤其是2013年11月召开的党的十八届三中全会全面总结了改革开放的成功经验,重新定位了市场和政府之间的关系,并确定了市场在资源配置的决定性作用和地位,市场经济的发展逐步走向深入,海域资源资产经营得到发展,海域资源资产经营完全纳入经济体制范畴。

海域资源资产是国家基础性自然资源和战略性经济资源,稀缺性十分突出。当前我国海域资源资产使用管理工作中客观存在着行业用海矛盾突出、围填海用海过快过热、海域空间资源粗放利用、岸线资源利用水平低下以及海域生态环境持续恶化等现象,这些现象实际上反映的是我国海域资源资产经营管理存在的一些问题。

当前,国家对资源开发提出了更高要求,对市场在资源配置中的地位和作用进行了重新定位,2013年11月十八届三中全会依据党的十四大以来的20多年的实践，对政府和市场关系进行了新的科学定位，将市场在资源配置中的“基础性作用”修改为“决定性作用”，这在客观上就要求我国海域资源资产一级市场更加合理，二级市场要加快流转。而我国海域资源资产经营现状与国家的要求和海域资源资产使用管理实践的需求有距离，因此，迫切需要开展海域资源资产经营研究，对我国现行海域资源资产经营作进一步细化、调整和改进，使得海域资源资产经营结果更加合理，更能体现海域资源资产的综合价值，进而为我国海域资源资产使用管理工作提供技术和决策支撑。

1.2　海域资源资产经营研究述评

1.2.1　国内相关研究综述

目前，国内尚无专门论述海域资源资产经营方面的专著和论文，但对海域使用管理制度、海域使用权制度、海域资源二级市场转让、海域空间资源使用等相关方面有众多研究成果。

1. 对土地、水等资源配置研究

目前，一些学者对土地、水等资源配置问题进行了研究，并有针对性地提出了一些理论、模型和观点，为我国开展海域资源资产经营研究提供了重要借鉴。

（1）土地资源配置的理论与方法研究方面

王德成在《浅谈土地资源的优化配置内涵与配置方法》中，针对土地资源经济供给的稀缺性以及土地利用过程中的不合理性，坚持整体性与协调性相结合原则、经济效益原则、继承性原则、持续性原则、宏观与微观相结合的资源配置原则，以促进土地资源优化配置。

刘喜广、王福强和王迎宾在《土地资源可持续利用的影响因素及对策》中提出土地资源的区位特征、土地的物质构成和结构、土地的地貌等自然因素，人口状况、土地制度等社会因素，税收政策、土地价格等经济因素以及土地利用技术对土地资源可持续利用所产生的影响。

林奕田在《土地资源配置市场化机制研究》中介绍了土地资源市场化配置含义、机制及历史背景，认为土地市场机制正常运作需具备五个基本条件，具体包括：良好的市场经济外部环境、明晰的土地产权、完善的土地法律法规、发达的土地金融和优质的市场中介服务。作者还认为土地资源配置应该市场化取向，其土地资源配置市场化实质性措施有：转变政府职能，设计国有土地产权实现形式的路径、建立交易平台等。

刘伟在《我国城市土地资源配置机制研究》中系统分析了我国城市化过程中的土地资源配置机制问题。作者从效率与公平的关系出发，以城市经济学、公共管理学和土地经济学等作为主要理论依据，认为土地资源配置包括宏观和微观问题，包括经济效益、社会效益和环境效益等问题，资源配置需要处理并解决这些问题。作者提出的城市土地资源的优化配置措施有：转变政府职能，坚持市场在土地资源配置中的基础作用，明晰土地资源产权关系，建立健全法规体系，建立中介服务体系等。

陈健的《中国土地使用权制度》在研究土地及其土地使用权之后，认为当前农村土地使用权的集体所有与行政管理模式，难以应对权力化日益显著的市场经济社会，因此，多元主体自主决策，通过市场配置土地资源的经济体制必将替代政府一元主体自主决策、通过行政配置土地资源的经济体制。

褚中志在《中国土地资源配置的市场化改革问题研究》中认为，在配置土地中用途无限但供给有限的资源时，单纯依靠市场机制是有局限性的，要达到中国土地资源优化，必须进行市场化改革。

刘伟锋和谭冰在《我国城市土地利用效率分析》中提出，要优化公共选择机制和发挥市场机制两个层面构建城市土地高效利用机制。

黄石松在《土地招拍挂中的问题与对策》中专门针对当前土地招拍挂中的“价高者得”的游戏规则进行了批评，他引用了美国关于土地招拍挂的规则。在美国，土地以招拍挂为主，但不是以价格为主导，而是要充分考虑竞标者的规划意图以及对城市建设的贡献。因此黄石松建议改变“价高者得”机制为综合评标机制。

刘颖秋在编著的《土地资源与可持续发展》中，认为土地资源应该与人类社会文明发展相协调，走可持续发展道路。

(2) 水资源配置研究方面

由于水是基础性的自然资源和战略性的经济资源，是经济社会可持续发展的重要支撑和保障，我国在水资源管理制度建设方面在很长一段时间相对滞后，过分倚重政府行政干预作用，市场在水资源配置中的基础性作用薄弱，政府失灵和市场失灵现象并存，这种局面与海域资源配置现状比较相似。1998 年，水利部开始了治水新思路的探索和治水模式转变的实践，系统提出了水权、水市场理论框架。1999 年底，由科技部资助，清华大学21世纪发展研究院和中国科学院——清华大学国情研究中心组成联合课题组，以黄河为背景，从自然科学和社会科学两方面，对转型期我国的水资源配置问题进行了前瞻性的研究，并发表了代表性论文《转型期中国水资源配置机制研究》。在文中，研究者提出，全球水管理的走向是引入经济手段管理水资源，这是全球应对水资源稀缺的必然结果。水市场发挥作用的前提条件有五个：一是市场中有可定义的产品来交易；二是水需求要大于供给；三是水权供给具有流动性，能够在需要的时间到达需要的地点；四是购买者的权利要有保障；五是水权体系要能够调解冲突。因此，该课题组要求对当前水资源配置从三个方面进行改革：宏观层面上，要强化流域统一管理，加强政府宏观调控的力度；中观层面上，要进一步界定流域水权为区域水权，地方政府作为水权代表，在流域上下游形成水权市场；微观层面上，要积极倡导用水户的广泛参与，实现农业基层用水的自治管理。

王济干在《区域水资源配置及水资源系统的和谐性研究》中，运用系统分析的理论和方法，针对水资源配置的动态性特点，从水资源配置系统的自组织性、功能效果三个方面分析人手，为便于对水资源配置系统实施预测，控制建立了水资源配置系统的和谐预警模型。

彭祥和胡和平在著作《水资源配置博弈论》中把流域初始水权分配作为主要研究目标，从水资源配置过程中的冲突域合作问题入手，利用自然科学和社会科学相结合的研究方法，引入博弈论和相应的制度分析手段，构建了一种新的水资源配置理论体系。作者将博弈论引入水资源配置，强调水资源配置的均衡性，并构筑了理论模型来判断哪种制度是现行流域用水主体能够自主接受的有效制度。

刘长顺、刘昌明、杨红在合著的《流域水资源合理配置与管理研究》中认为，水资源配置有三种类型：行政（政府）配置、用户参与协商配置和水市场配置。作者在全面总结流域水资源合理配置理论的基础上，系统分析了流域水资源合理配置目标、用户、决策层次和决策网络，提出了流域水资源配置评价的方法，建立了流域水资源配置模型。

张泽中、李振全、乔祥利在《水资源配置体系理论探讨》一书中认为水资源配置过程更加复杂，不仅存在水资源优化配置、水资源合理配置问题，而且必须实施水资源公平配置；同时，需要健全法律法规、完善管理，把水权、水质水量配置有机地结合，水资源公平配置、合理配置和优化配置是不可分割的有机的水资源配置体系，是水资源可持续利用的基础保障。

2. 在海域使用管理方面的研究

海域资源资产经营是海洋管理的重要内容，而目前国内对海域资源资产经营的论述主要是分散于海域使用管理相关研究中，如海域使用管理制度研究、海域使用权制度研究、海域资源二级市场转让研究、海域空间资源使用研究等方面。

（1）海洋和海岸带宏观管理方面

鹿守本于1997年撰写的《海洋管理通论》是较早分析研究我国海洋综合管理问题的专著，该著作系统地分析了海洋工作和管理的特点，阐述了海洋管理的基本理论知识，论述了海洋权益管理、海洋资源管理、海洋环境管理、海洋自然保护区管理理论与实践，涉及我国海洋工作的各个领域。

李国庆在主编的《中国海洋综合管理研究》一书中要求通过制定海洋政策、颁布海洋法规、加强海洋调查、完善信息网络、深化海洋功能区划、编制海域开发规划、加强宣传教育、强化海洋执法、建立海洋综合管理体制等海洋综合管理的手段，达到维护国家权益，促进海洋经济发展，确保海洋生物资源的持续利用和保护海洋生态环境等海洋综合管理的根本目的。

杨金森和刘容子在著作《海岸带管理指南——基本概念、分析方法、规划模式》中全面研究了我国的海岸带问题，包括海岸带综合管理的基本概念、管理规划编制模式、国外海岸带管理的基本经验以及海域使用管理技术和方法等。

王曙光在其主编的《海洋开发战略研究》中对“实施海洋开发”的战略意义及其与全面建设小康社会的内在关系进行了深刻的理解，认为实施海洋开发是实现祖国和平统一的客观需要、是维护国家权益的重要举措，是解放和发展生产力的重要举措，是促进海洋经济快速发展的根本保证，是推动社会经济可持续发展的必由之路等。

王曙光在《论中国海洋管理》一书从战略研究、理论与实践、媒体访谈、地方工作等四个层面对海洋管理进行了阐述，作者在对海洋问题研究的基础上提出来的独特思考对海洋综合管理的发展将起到重要作用。

张宏声在其主编的《海域使用管理指南》中详细解析了我国海域使用管理的各项制度、规定和要求。该著作共十章，对海域使用管理的概念、目标、内容、管理体制、有偿使用制度、权属制度和海洋功能区划制度进行了系统的归纳和阐述。

管华诗和王曙光在其主编的《海洋管理概论》中对海洋管理的概念、对象、任务、基本目标、原则和手段进行了阐述，分章对海洋立法、海洋政策、海洋功能区划、海洋经济管理、海洋环境管理、海洋科技及其产业化管理、海洋权益管理、海洋人力资源管理、海洋执法管理系统进行了论述。

鹿守本和艾万铸在《海岸带综合管埋——体制和运行机制研究》中对海岸带综合管理的内涵、形成和发展、管理范围、目标和任务、内容和形式、管理原则进行了详细论证，对国外的海岸带综合管理体制和运行机制进行了深入研究，尤其对我国海岸带管理体制和运行机制进行了专题论述。

徐质斌在其专著《海洋国土论》中，针对海洋国土的特殊性，多角度地提出中国海洋国土的开发、整治、管理和防卫等对策，初步构建了海洋国土学的学科体系，并从海洋国土开发战略、中国海洋产业结构升级、中国海洋区域经济布局优化等三个方面论述了海洋国土的经济开发。

王琪等编著的《海洋管理——从理念到制度》重点选取海洋管理政策和海洋管理体制作为论证内容，对海洋管理政策体系及其优化机制、海洋管理体制及其改革等问题进行了深入分析。作者采用矛盾论的思路，对当前我国海洋综合管理中的矛盾进行了认真分析，认为海洋管理中面临的基本矛盾是海洋实践活动中人口与资源、环境之间的矛盾以及人类经济活动与海洋的矛盾；海洋管理中的特殊矛盾是我国与相关涉海国家之间的矛盾、涉海各行业间的矛盾、中央和地方的矛盾、海洋综合管理部门与行业管理部门的矛盾以及海洋管理部门与涉海企业的矛盾。因此，海域资源配置中存在的问题是集基本矛盾和特殊矛盾于一体的，应该采取综合性方法予以解决。

李百齐在《蓝色国土的管理制度》一书中对我国的海洋管理制度和海洋资源管理进行了论述，并阐述了我国海洋管理的概念、内容、手段以及海洋综合管理的历史趋势，针对我国海洋管理的现状、机遇挑战提出了相应对策。

(2) 海洋功能区划、海域权属、海域有偿使用以及海洋执法等方面

张宏声在《全国海洋观念区划概要》中，对我国海洋的基本概况、我国海域开发利用与保护状况进行了分析，对于开展海域资源资产经营工作具有重要指导意义。

海域评估制度是海域资源资产经营的重要技术依据，特

别是在当前市场经济条件下，海域资源资产必须通过价格来体现其价值，因此必须运用科学的评估理论和方法，以确保公正、公平地体现海域资源价值。于青松、齐连明的《海域评估理论研究》是国内首部系统论述海域价值评估理论的著作，该书对海域评估的基本任务、理论基础、影响评估的因素进行了系统论述，对完善海域价格体系提出了科学性建议，作者还提出了宗海价格评估的方法和基本程序。

张宏声编著的《海洋行政执法必读》对我国海洋管理法律制度进行了详细概述，对我国海洋管理法律制度的内容和特点进行了归纳。客观上讲，海洋立法的过程也是海洋综合管理不断完善的过程，在这个过程中，海域资源资产经营也在得以健全。

张惠荣在其编著的《海域使用权属管理与执法对策》中对海域使用权的内涵与特征、海域使用权对民法物权制度的贡献、海域物权理论的深化等进行了深入阐述，对海域使用权属管理制度、海域物权与土地物权的转换、海域使用权流转等相关问题进行了系统分析。

韩立民和陈艳在《共有财产资源的产权特点与海域资源产权制度的构建》一文中，在追溯西方著名经济学者庇古、科斯和哈丁有关新制度经济学的产权理论后，认为我国海域资源属于共有财产资源，不仅具有自身产权特征和利用行为，而且也有自身的产权初始配置模式，要明确界定海域资源产权，实现海域所有权和海域使用权的有效分离，要建立海域使用权的流转机制，促进海域资源产权市场的形成。

林宁在其编著的《我国近海海洋功能区基本状况评价报告》中，针对海域使用强度大、海洋环境较为脆弱的重点区域，开展了重点海域海洋功能区划评价研究，解决了长期以来该类海域海洋功能区划现状不清、海洋功能区划执行情况不明的状况，通过对该类重点海域功能区划进行评估，为修订和优化海洋功能区划提供有效的依据和基础。

高艳在其编著的《海洋综合管理的经济学基础研究》中，基于国内外海洋管理理论研究及实践，立足于生态经济学和可持续发展经济理论当前已有的基本框架体系，结合我国的海洋资源特点、海洋生态系统管理的理念和海洋管理发展状况，在对其他国家海洋体制的比较分析之后，以产权经济学理论为前提和基础，探索建立科学系统的综合管理体制的理论体系。书中对我国海洋工作面临的新问题进行了探讨，建构了我国海洋综合管理的理论依据及理论体系构架，认为可持续发展理论是指导原则，海洋生态经济理论是理论依托，循环经济理论是发展导向，产权经济学是前提条件，战略产业论是实践依据，模块化管理理论是模式选择，体制竞争理论是根本宗旨。

汪磊和黄硕琳在《海域使用权一级市场流转方式比较研究》中对海域使用权一级市场中的主要流转方式进行比较分析，得出市场化流转方式的优越性，最终得出结论：海域使用权招标、拍卖以及挂牌出让是以市场机制配置国有海域资源的重要方式,是海域使用管理制度顺应市场经济发展需要的突出表现。

周承在《海域配置市场化:实践、问题与对策》中提出,海域配置市场化是以市场为基础对海域资源进行相关出让、出租等的支配行为,是提升海域使用价值、预防腐败的有效手段,但是市场化有利也有弊。

刘升在《论我国海域使用权抵押》中论述了海域使用权抵押的概念、法律特征、客体范围、实现途径和效力范围等内容。

白福臣和贾宝林在其《近年国内海洋资源可持续利用研究评述》中认为,我国海洋资源的研究经历了三个阶段,其中1978—1990年为研究开创期,1991—2000年为发展期,2001年至今为充实完善期。作者对今年国内海洋资源可持续利用的研究进行了梳理,得出我国海洋资源理论研究蓬勃开展、实证研究也有进展、海洋资源管理和政策方面成就斐然的观点,并要求开展微观层面的研究。

王琪、李文超在《我国海洋区域管理中存在的不协调问题及其对策研究》中认为,海洋区域管理要协调各涉海行业间的关系、海洋区域管理部门与涉海行业的关系、管理部门各层级间的关系,以及管理部门与企业、公众的关系等,作者针对目前我国海洋区域管理在政策法规、管理体制、用海者利益等方面存在的不协调问题,分析其存在的原因,并从政策制定、执法保障、制度建设、技术创新等方面寻求解决问题的对策。

吕彩霞在《论我国海域使用管理及其法律制度》中全面论述了海域使用管理的概念、任务、重要性和国外概况，对海域使用管理和海域使用管理法律制度进行了梳理和总结，就海域使用管理制度的继续开拓与发展提出了建议和措施。

李晓冬、梁湘波在《初论我国海域使用权流转体系的建立与完善》中对海域使用权流转体系内涵进行了界定，阐述了构建海域使用权流转体系的重要意义，并在分析我国海域使用权流转体系发展现状的基础上，指出目前我国海域使用权流转体系建设过程中所存在的问题，从制度和实践的层面提出建立和完善海域使用权流转体系的具体建议。

1.2.2 国外相关研究综述

国外目前也尚未有专门论述海域资源资产经营方法的专著或论文，对海域资源资产经营的研究主要分散体现在对海洋综合管理的基本方法和理论中。

1. *在海岸带综合管理研究方面*

海岸带综合管理的论述首推约翰·R. 克拉克的《海岸带管理手册》，该著作是世界上第一本全面论述海岸带综合管理实际问题的专著。《海岸带管理手册》全面总结了30多个不同类型沿海国家海岸带管理的经验和教训，提出了海岸带综合管理的原则、方针、步骤及其不同的管理体制，全面论述了不同类型沿海国家海岸带综合管理面临的挑战和实际问题。克拉克认为海岸带综合管理，就是通过广泛的综合规划，面向未来的资源分析和科学的管理，为资源可持续利用、生物多样性维护、自然灾害防御、污染控制、福利改善和经济可持续发展提供依据。

2. 在海洋综合管理研究方面

J. M. 阿姆斯特朗和 P. C. 赖纳合著的《美国海洋问题研究》从经济学和管理学角度研究海洋管理问题，特别是在关于海洋管理的定义上，认为海洋管理是政府对海洋空间和海洋活动采取的一些干预行动，这种观点后来被我国国内学者所采用。

在政府间海洋学委员会（IOC）的组织下，加拿大水产海洋部（DFO）、美国国家海洋大气局（NOAA）和特拉华大学海洋政策重心分析研究了 98 个沿海国家。

自 1992 年以来开展的数百个沿海区综合管理计划的经验教训，编写了《海洋综合管理手册》（A Handbook for Measuring the Progress and Outcomes of Integrated Coastal and Ocean Management）。

3. 在海洋可持续发展理论研究方面

意大利的阿戴尔波特 · 瓦勒格在其著作《海洋可持续管理——地理学视角》（Sustainable Ocean Governance: A Geographical Perspective）中，从地理学的视角，勾勒了海洋管理的方法，瓦勒格认为海洋生态系统是海洋管理的核心。

4. 在海洋空间规划管理研究方面

Ehler Charles 和 Fanny Douvere 在《海洋空间规划》(Marine Spatial Planning: A Step-by-step Approach toward Ecosystem-based Management)详细解释了海洋空间规划的特点、必要性、重要性,论述了海洋空间规划循序渐进的方法。

综上所述,国内外关于海域资源资产经营的理论研究相对分散,宏观层面的研究较多,微观领域的研究较少,专题研究的深度还有待挖掘和提高。

1.3　本书的视点与研究框架

本书意在对海域资源资产经营的相关理论进行研究，并探讨我国海域资源资产经营的制度环境、目的原则、模式运行、配置方式、价格评估、成效核算等内容。

基于此，借鉴国内外已有的相关研究成果，本书对我国海域资源资产经营开展了多方位、多层次的研究，主要内容如下：

1. 我国海域资源资产经营的理论研究

主要为本书的第2章至第4章。探讨海域资源资产的内涵与特性；从经济学的相关理论出发，论述我国海域资源资产经营的基本理论；并对我国海域资源资产经营的外部制度环境进行分析。

2. 我国海域资源资产经营的方法研究

主要为本书的第5章至第10章。在我国海域资源资产经营理论探讨的基础上，进一步探讨我国海域资源资产经营的内容与具体方式方法。包括我国海域资源资产经营目的与原则、模式、市场运行、资产配置方式、价格评估、成效核算等内容。

3. 我国海域资源资产经营的应用研究

为本书第11章。在理论与方法研究的基础上，对海域资源资产使用权流转相关问题进行了探讨。

目前，我国关于海域资源资产经营方面的研究不多，但是，随着我国经济的发展，特别是海洋经济的发展，海洋资源在国民的经济生活中扮演着越来越重要的角色，相关方面的研究也会逐渐增多。因此，基于以上内容，本书意图较系统、全面、贴切、实际地阐述我国海域资源资产经营的基本理论与方法，以实用性为目标，以解决实际问题为宗旨，为我国海洋经济实现跨越式发展提供支撑。

第2章

海域资源资产特性

2.1　海域资源资产的内涵

2.1.1　海域

海域(Sea Area, Maritime Space),是“海的区域”的简称,原意指包括水上、水下在内的一定海洋区域,如在划定领海宽度的基线以内的海域为内海;从基线向外延伸一定宽度的海域为领海;从一国领海的外边缘延伸到他国领海为止的海域为公海。参照《中华人民共和国海域使用管理法》(2001年)的相关规定,本书中的海域指内水、领海的水面、水体、海床和底土。

2.1.2　资源资产

1. 资产

关于资产,许多学者或组织都对其进行了定义,但这些定义各有特色,至今也没有统一。下面列举常见的几种:

(1)《辞海》(1999 年)中对资产的定义是:“资产是指某一主体由于过去的交易或事项而获得或控制的可预期的未来经济利益。”

(2) 在联合国经济与社会理事会跨国公司委员会的《财务报告的主要目标与概念》(1988 年)中写道:“资产是报告公司由于过去事项而控制的资源(有形和(或)无形的),公司可望从这些资源中获得未来利益。”

(3) 在国际会计准则委员会的《关于编制和提供财务报

表的框架》(1989年)中写道:"资产是指作为以往事项的结果而由企业控制的,可望向企业流入未来经济利益的资源。"

(4) 在美国会计学会的《公司财务报表所依恃的会计和报告准则》(1957年)中写道:"资产是一个特定会计个体从事经营所需要的经济资源,是可用于或有益于未来经营的服务潜力总量。"

(5) 我国《企业会计准则》(1993年)对其定义为"资产是企业拥有或控制的能以货币计量的经济资源,包括各种财产、债权和其他权利"。

尽管以上这些定义各有特色,至今也没有统一,但我们从其表述中,可以概括出资产的三个特性:

第一,资产是一种经济资源,是能够带来经济利益的,这是资产的本质。经济资源是能够为人类提供产品和服务的资源。资产作为经济资源,关键在于其是否具有服务潜力和贡献能力,是否能够为拥有或控制它的经济实体或个人的生产经营活动服务。同时,资产存在的目的,是为拥有它的组织或个人获取未来的经济利益,它总是处于生产经营过程中的。但是,至于它是否能够在事实上带来经济利益或者带来多少,则取决于资产是否被有效利用。并且,作为经济资源,资产同样具有经济资源的稀缺性和有用性。

第二,资产是为某一特定的经济实体或个人所拥有或控制的。每一项资产总是特定个体的资产。某一个体拥有某一种资产,他对其未来经济利益的控制,必须达到能享有其利益,加以排斥或对其加以管辖。

第三,资产是能够用货币计量的。虽然资产存在形式上的多样性,某些资产又难以用货币计量,但只要资产被用于运营或交易,它就能以货币计量的方式取得公认的价值标准。

由此可以看出,资产的可获益性、可控制性、可计量性与已发生性是资产的一些基本特征。

2. 资源资产

(1) 资源资产的定义

由于某些自然资源具备前文中资产的三个特性,因此可以将这些自然资源称作资源(性)资产。但是,对资源资产的定义并不是自然资源、资产两种概念的简单叠加,而是建立在这两者基础之上的。目前,对于资源资产的概念,国内学术界表述各有不同,比较流行的定义有以下几种:

李金昌等认为,资源资产是同自然资源价值密切相关的一个概念,是资源价值在财产关系上的表现,是人类资产和财富的重要组成部分。资源资产通常指受人类直接或间接影响的,实际的或潜在的自然资源存量,其中包括一部分在经济活动参与下形成的资源存量,他们既表现为实物量,也表现为价值量及所有者的"财产权"。资源资产中比较重要的组成部分有:生物、土地及相关生态系统,水及相关生态系统、地下矿产资源及空气等。

谷树忠认为,资源资产是国家、企业或个人所拥有的,具有市场价值或潜在交换价值的，以自然资源形式存在的有形资产。

在我国国有资产管理中，也有相关的资源资产的论述，一般认为，国有资源性资产主要包括国有的矿藏、水流、森林、山岭、草原、荒地、滩涂以及城市、城郊和农村中属国家所有的土地等自然资源。

分析上述资源资产定义，我们会发现其各有侧重：李金昌着重强调资产是在价值量和所有权基础上的自然资源存量；谷树忠强调了资源所有属性和价值性能；在国有资产管理中基本避开了该定义，只给出了具体的资源。

在本书中，笔者引用我国学者姜文来关于资源资产定义的论述。姜文来认为，界定资源资产的概念，除了在深入了解资源和资产概念前提的基础上，必须对资源演变为资源资产历史的过程进行剖析，只有如此，才能准确地界定资源资产。据此，他在吸收借鉴前人研究成果的基础上，认为资源资产的定义应为：资源资产是具有明确的所有权，且在一定的技术经济条件下能够给所有者带来效益的稀缺自然资源。

(2) 资源与资源资产

由以上的论述，我们可以看到，资源资产与自然资源之间存在着本质的区别，自然资源转化为资源资产必须满足一定的基本条件：

① 稀缺

相对人类的需求而言，自然资源供给不足，是资源转化为资源资产的重要前提。如果资源不存在稀缺性，可以取之不尽、用之不竭，那么这种资源就不是资源资产。我们以水资源为例，在过去，相对人们的需求而言，其供给是充足的，不存在着稀缺，所以它不是水资源资产，但随着人口的增加和工农业的发展，人们对水的需求不断增加，终于导致 20 世纪 70 年代以来的水资源危机，水资源也渐渐地向水资源资产转化。再比如光能，因其数量庞大，不存在着稀缺，所以，它不是资源资产。

② 产生效益

产生效益是资源转化为资源资产的重要条件。当然，这里所指的效益，既包括现实的和潜在的经济效益，同时也包括自然资源所产生的生态效益。特别值得提出的是生态效益，由于它的公益性，很难在企业等具体生产部门的账户中得到体现，常常被忽略。

③ 具有明确的所有者

只有具有明确的所有者的资源才有可能转化为资源资产。这里之所以强调资源的所有者，是由资产的特征所决定的。资产必须有一个主体，没有主体，资产产生的利益无人控制，成为共享品，也就无所谓资产了。

必须强调的是，只有同时满足上述三个条件的自然资源才能成为资源资产。太阳光，是地球上一切能源的始祖，是生物生存所需能量的源泉，人类绝对不能离开它，它对人类来说，其所具有的经济效益、社会效益和环境效益是巨大的，甚至是无法估量的，但不能将其称为太阳光资源资产，因为它取之不尽、用之不竭，不存在着稀缺，而且其所有权也难以定夺。

由此可见，资源资产并非适用于全部的自然资源，而是特指部分自然资源。并且，其还具有时空的差异性，有些自然资源从整体上可以划分为资源资产，但从局部或者时间上来看，它也可以转化为非资源资产。如水资源，根据其分布的不同，在缺水地区可以是资源资产，在水资源丰富地区，它是取之不尽，用之不竭的，并不稀缺。

2.1.3 海域资源资产

随着经济的发展，对海域这一国有资源①的开发利用日益重视，并且可开发海域资源数量有限，因此，海域资源具备了资源资产的特性，就由一般性的自然资源转换成为资源资产。

① 《中华人民共和国宪法》(2004 年修正)第九条："矿藏、水流、森林、山岭、草原、荒地、滩涂等自然资源，都属于国家所有，即全民所有；由法律规定属于集体所有的森林和山岭、草原、荒地、滩涂除外。"《中华人民共和国物权法》(2007 年)第四十六条："矿藏、水流、海域属于国家所有。"

2.2　海域资源资产的特点

海域资源资产的特性包括自然特性及经济特性。其中，自然特性有以下两点：

1. 流动性（共有性）

在海域中除了海底矿产、岛礁等少数资源不移动外，其余的均随着海水的流动而在海洋中自由移动。海域水体的流动性，造成蕴含其中的海洋资源的共有性，任何一个地区或一个国家均不易能独占海洋资源。

2. 空间立体性

海域的不同深度都分布有海洋资源，对海洋资源的开发也表现出强烈的空间立体性，如水面可以作为航道，水中可以进行筏式养殖，海床可以底播养殖，海底可以矿物开采等。

海域资源资产的经济特性以其自然特性为基础，是在人类对其的不断开发和利用中产生的。海域资源资产的经济特性主要有以下两点：

1. 供给的稀缺性

在人类大规模进军海洋之前，海域还未成为资源资产，不存在稀缺性，而当人类大规模开发利用海洋之后，对海域资源的需求不断扩大，海域资源的稀缺性也随之而来。但这种稀缺性并不仅表现在海域资源供给总量与需求总量的矛盾上，更表现在海域资源在某种用途上的稀缺性。

2. 开发的强外部性

某一陆地地域的经济开发一般不会给不相连的陆地地域带来较大的直接影响，而因为海水是一体的、流动的、相互影响的，因此会导致某一海域的开发利用不仅影响本区域内的自然生态环境和经济效益，而且将影响到邻近海域甚至更大范围内的生态环境和经济效益，所以海域资源资产具有很强的外部性。

2.3　海域资源资产使用分类

根据《中华人民共和国海域使用分类体系》，我国海域使用类型采用两级分类体系，共分为 9 个一级类和 30 个二级类，具体如表 2－1 所示：

表 2－1　海域使用类型名称和编码

一级类		二级类	
编码	名称	编码	名称
1	渔业用海	11	渔业基础设施用海
		12	围海养殖用海
		13	开放式养殖用海
		14	人工鱼礁用海
2	工业用海	21	盐业用海
		22	固体矿产开采用海
		23	油气开采用海
		24	船舶工业用海
		25	电力工业用海
		26	海水综合利用用海
		27	其他工业用海
3	交通运输用海	31	港口用海
		32	航道用海
		33	锚地用海
		34	路桥用海

续表 2-1

一级类		二级类	
编码	名称	编码	名称
4	旅游娱乐用海	41	旅游基础设施用海
		42	浴场用海
		43	游乐场用海
5	海底工程用海	51	电缆管道用海
		52	海底隧道用海
		53	海底场馆用海
6	排污倾倒用海	61	污水达标排放用海
		62	倾倒区用海
7	造地工程用海	71	城镇建设填海造地用海
		72	农业填海造地用海
		73	废弃物处置填海造地用海
8	特殊用海	81	科研教学用海
		82	军事用海
		83	海洋保护区用海
		84	海岸防护工程用海
9	其他用海		

2.4 海域分等定级

1. 海域分等定级的含义及对象

海域分等定级是在特定的目的下，对海域的自然属性、经济属性和社会属性进行综合评价，并将评价结果等级化的过程。它是海域质量评价的一种类型，以其对海域的自然、经济和社会属性进行全面的综合评定，最终取得大比例尺等级化评价结果。海域分等定级是海域价格评估的基础，是海域使用管理的重要组成部分，海域分等定级的结果为全面、科学地管理海域，合理利用海域资源提供依据。

分等定级在许多领域都有应用，尤其是在一些企业、教育部门的评定上，在土地评估方面的应用也很普遍。农业用地及城市土地的分等定级已经非常成熟，经过几十年的研究和改进，已经分别颁布了《城镇土地分等定级规程》《农用地分等规程》《农用地定级规程》等一系列技术规程。虽然海域和土地一样，广义上说都属于国土资源，但海域同土地还有很大差异，对海域进行分等定级也是一种新的尝试。

海域分等定级的对象是我国所管辖内的所有海域，海域分等定级工作以行政区域管辖海域周围单位进行。

2. 海域分等定级的任务和目的

海域分等定级的任务是通过对海域的区位、经济、海洋产业的发展水平、自然环境及资源状况等各项因素的综合分析，揭示各类型用海的海域利用效益的地域差异，运用定量和定性相结合的方法对评价单元内各类型用海的使用效益进行排队，评定该单元的海域等级。

海域分等定级的目的是为了统筹海洋经济与海洋环境的和谐发展，科学管理和合理利用海域资源，提高海洋使用效率，为国家和各级政府制定各项土地政策和调控措施，为海域估价、征收海域使用金和制定海域利用规划提供科学依据，为通过经济杠杆调整海洋产业及产业结构提供手段。

3. 海域分等定级体系与方法

(1) 海域分等定级体系

海域是海洋经济活动的重要载体，由于社会经济活动的复杂性和多样性，海域的利用方式和对人类需要的满足程度也有很大差异，表现出不同的海域质量。

海域分等定级采用“等”和“级”两个层次的划分体系。海域等是反映不同行政单元管辖海域，是受所属行政单位的经济发展状况和海域自然条件的影响，而形成的地域上的差异，海域等的顺序是在全国范围内进行排序；海域级是反映行政单位内部海域的区位条件和利用效益的差异，海域级的顺序是在各行政单位内部统一排序。

从“等”和“级”的关系来看，“等”起着宏观控制的作用，“级”是“等”的细划。“等”的划分主要依据海域资源丰度、开发利用效益以及区域内城市化程度和社会经济发展水平，而“级”是“等”内不同区域海域由于自然条件和区位条件的不同导致的海域资源价值上的不同。海域的“等”和“级”从总体上控制海域价格走势。

(2) 海域分等定级方法

海域分等采用的是多因素综合评定法，对海域质量和资源价值进行等别划分，海域定级可采用综合定级和分类定级两种方法。

4. 海域分等定级的原则

(1) 综合分析原则

海域分等定级应根据海域的使用类型，对影响海域使用质量及效益的各种经济、社会、自然因素进行综合分析，按综合差异划分海域等和级。影响海域质量和资源价值高低的因素，包括海域单元的社会经济条件、海洋经济条件、区位条件、海域环境质量、海域资源稀缺程度、毗邻土地属性、岸线质量和类型、水深和坡度等多个方面。在海域分等定级时必须根据各因素所起的作用程度赋予不同的权重，最终以各因素综合作用的结果作为海域等级划分的依据。

(2) 海域分异原则

海域分等定级结果要符合海域依托市县的经济特征，充分考虑海域依托市县的宏观地理位置，与区域经济发展水平保持相对一致，并应掌握海域区位条件和海域自然特性的分布与组合规律，分析由于区位条件及自然资源的不同对各用海类型造成的利用效益的差异。

(3) 主导因素原则

海域分等定级应重点分析影响海域利用质量优劣和资源价值的主导因素及其作用差异,突出主导因素的影响并赋予较高的权重,对次要因素则赋予较低的权重。

(4) 海域使用效益差异原则

不同区域的海域,由于自然的、社会的和经济的等条件不同,其海域使用收益不同。对综合条件较好和海域使用效益较好的海域,其海域的等级较高,征收的海域使用金也较高;反之亦然。海域等级划分时应充分考虑不同单元和区域海域使用收益状况和海域使用权价格水平的高低,划分的海域等和级符合区域海域使用收益分布规律。

(5) 定量与定性结合原则

海域分等定级时要尽量做到科学计算和定量计算,把定性的、经验性的资料进行量化分析,在计算和划分海域等和级时应以定量为主,在海域等和级的最终确定时,则要兼顾管理需要,使其具有可操作性,做到定量与定性分析相结合,减少主观臆断。

(6) 协调一致原则

海域分等定级应遵循与全国海洋经济发展规划、全国海洋功能区划、全国海洋环境保护规划相协调的原则,体现海域经济、社会、资源生态效益的协调统一,实现海域资源的优化配置和产业结构的调整,最终实现海域的可持续发展目标。

第3章 海域资源资产经营基本理论

3.1　海域资源资产产权理论

3.1.1　产权的基本理论

1. 产权的定义

一般来说，产权是指法定主体对财产所拥有的各项权利的总和，其核心是财产所有权（狭义的所有权，即终极性财产归属权；广义的所有权等同于产权），指所有权人依法对自己的所有物享有的占有、使用、收益和处分的权利。产权包括一组权利：占有权、使用权、收益权和处分权（使用权，在法律允许的范围内以各种方式使用财产的权利，包括所有权在物质形态上改变乃至毁坏财产；收益权，即直接从财产或经由合同关系从别人那里获取收益的权利；处分权，通过出租、出售、赠与等方式把与财产有关的权利让渡给他人的权利）。它的基本运行特征表现为，财产所有者可根据一定的目的，通过使用或处置财产获取一定收益。产权的功能大体是，能够确定人们在财产流转中应当遵循的社会规范，能够确定所有者对财产未来收益或受损的合理预期，能够确定不同民事主体的权利和义务，能够确定社会财产在民事流转过程中其主体谁给谁以补偿。同时，从产权主体这一角度分类主要有私人产权、公共产权、公司法人产权、俱乐部产权等产权类型。

2. 产权制度的内涵

产权制度是对财产权利在经济活动中表现出来的各种

权能加以分解和规范的法律制度，它是以产权为依托，对各种经济活动主体在产权关系中的权利、责任和义务进行合理有效组合、调节的制度安排。产权制度的核心是通过对所有者和使用者的产权分割和权益界定，使产权明晰化，以实现资源的优化配置。

3. 产权的特性

产权作为人与人之间的经济权利和义务关系，无论哪一种形态的产权，都不同程度地表现出排他性、自由性和有限性、可分解性、可交易性等基本属性。

(1) 产权的排他性

产权的排他性是指产权主体在行使对某一特定资源的一束权利时，排斥了任何其他产权主体对同一资源行使相同的权利。产权的排他性是产权最核心的本质特点，如果没有这种排他性，就会导致不管是不是某一特定资源的主人，都可以一样的占有、支配或使用该资源，就无所谓产权了。产权的排他对象是多元的，除产权主体本身以外，其他一切个体或团体都在排斥之列。因此，可以说，产权的排他性实质上就是产权主体对特定权利的垄断性。

(2) 产权的自由性和有限性

产权的自由性和有限性是一个问题的两个方面，是自由性和有限性的统一。

产权的自由性是一种使用经济物品的自由，它意味着个人可以在社会界定的权力范围内自由选择使用和处置经济物品的方式。产权的运动方式就是依靠其产权主体支配其财产的行为驱动的，如果没有产权的这种自由性，产权在经济上就失去了价值。

产权的有限性包含两层含义：一是指任何产权主体之间对各自所拥有的产权必须具有明晰的界限。如果不同产权主体之间的拥有权没有明确的界限，产权的权能就无法行使，利益也就无法实现。产权明晰不仅是指不同产权主体之间的所有权要明晰，而且对同一财产所拥有的不同权利（占有、使用、收益、处分）也要有明确的边界。二是指任何产权必须有限度。

(3) 产权的可分解性

产权的可分解性，是指对特定财产的各项权利可以分属不同的主体的性质。产权的可分解性是内在于产权的，而不是人为赋予的。因为对任何财产，四项产权各有不同的权能，也有不同的利益。产权的可分解性包含两个方面的意义，即权能形式的可分解性和利益的可分割性。产权的不同权能可以由同一主体行使转变为由不同主体分工行使，就是权能的分解，相应的利益分属于不同的权能行使者，就是利益的分割。

(4) 产权的可交易性

产权的可交易性是产权在不同主体之间的转手和让渡。按交易内容或对象可以分为整体交易和部分交易，按交易时限或产权的让渡时限可以分为无限期交易即产权的永久让渡和有限期交易即产权的有限期让渡。狭义所有权的交易和特定财产产权作为整体交易，必然是永久性让渡。狭义所有权以外的产权交易可以采取有限期交易方式。有限期交易的特点是：相应的产权只在契约期让渡，契约期满，又合法地回归原主体手中。产权的有限期交易能够发生，显然具有两个前提：第一是特定财产的权利体系发生分解，即不再属于同一个主体或者可以不属于同一个主体；第二是信用关系产生和信用制度达到一定的完备度。

3.1.2 海域资源资产产权

按照形式逻辑推理，海域资源资产产权是将产权的概念限定在海域资源资产范围下，应该比产权的外延小，比产权的内涵深。所以，参考产权的一般定义，海域资源资产产权可以定义为是产权持有者对海域资源资产开发利用的控制程度和享有该资产所产生经济利益的范围。

与一般产权含义一样，海域资源资产产权同样不是仅具有一种权利，而是“权力束”，即海域资源资产产权是由许多权利所构成的，包括所有权（指狭义的所有权，即终极性财产归属权）、使用权、收益权和处分权。同时，也具有排他性、有限性、可分解性、可转让性等属性。

1. 海域资源资产所有权

海域资源资产的所有权是所有者依法排除他人，独占海域资源资产，并通过占有、使用、收益及处分等方式利用海域资源资产，以实现所有者应享利益的权利。所谓占有，指对海域资源资产的实际控制。使用，指对海域资源资产按其物理、化学性能和需要进行利用。收益，指利用海域资源资产取得一定的经济利益。处分，指依法对海域资源资产进行出让或赠予或以其他方式处置的权利。

根据我国法律的规定，海域为国家所有。国家将海域资源的开发利用权转给企业或个人，即具体开发利用者。

2. 海域资源资产管理权

管理权又称行政管理权或行政权力，是由国家宪法和法律赋予国家行政机关执行法律，实施行政管理活动的权利，是国家权力的组成部分。具体地说，管理权是由法律规定或者由政府授权某一行政权力机构对公共事务领域进行管理的权力。

随着现代国家的发展，国家行政机关管理的公共事务越来越多，管理权也越来越庞杂。从总体上看，管理权的内容有：规范制定权、组织权、证明权、审批权、命令权、检查监督权、处罚权、调解权、强制权、复议权、裁决权等。

管理权有积极作用和消极作用。一方面，管理权对维护社会秩序，增进公共利益，保护公民、法人或者其他组织的合法权益，具有积极作用。社会离开了管理权的积极作用，就会出现混乱，甚至动乱。另一方面，由于任何权力都有趋向扩大和集中的本性，而权力过大和过于集中容易导致滥用和腐败，对国家和社会造成破坏作用。这就要求加强对管理权的各种控制，使管理权取得和运用合理合法。

3. 海域资源资产使用权

海域资源资产的使用权是指某一组织（如企业）或个人通过所有者授权所拥有的对海域资源资产进行开发利用的权利。其内容同时包括占有权能、使用权能、收益权能和处分权能。

其中，海域资源资产所有权是所有权人对海域资源资产最高的排他性独占权，它是海域资源资产产权的核心部分。作为一种民事权利，所有权表现为权利人对海域资源资产享有占有、使用、收益和处分的权利。

综上所述，从海域资源资产产权与海域资源资产所有权所反映的客观经济关系上看，二者既有相联系和重合的诸多方面，也存在着发展上和具体运用上的差别，主要表现在：

（1）海域资源资产所有权是所有制的法律表现或法律用语，它居于社会经济制度层次；而海域资源资产产权是社会再生产过程中投资主体将资本金投入开发利用后产生的生产经营行为，即生产经营中财产的权利关系，它居于社会经济运行层次。

（2）海域资源资产所有权的主体是所有者，而海域资源资产产权的主体是投资者。在同一所有制下，只要存在不同的投资利益主体，就存在不同的海域资源资产产权。同样，同一海域资源资产产权之下也可以有不同的所有制。如某个股份公司作为投资主体，其中就可以有国家股、个人股。

(3) 在所有制关系中,海域资源资产所有权人和海域资源资产所有权居支配地位,海域资源资产使用权人和海域资源资产使用权则处于被支配的从属地位;而在海域资源资产产权关系中,各当事人之间是平等的民事契约关系,彼此依法处于平等地位。海域资源资产所有权人不得直接支配海域资源资产使用权人的财产,海域资源资产使用权人享有拒绝以至依法起诉海域资源资产所有权人侵权行为的合法权利。

(4) 海域资源资产所有权和海域资源资产产权虽然都是人们之间的财产权利关系,但海域资源资产所有权偏重说明人与海洋资源的关系,强调的主要是人与人之间在海洋资源占有方面的排他性。而海域资源资产产权则是指人们对海域资源资产的开发利用而引起的相互认可的行为规范,偏重于说明人与人的关系,即海域资源资产所有者之间的行为关系。它涉及的对象,除了海域资源资产所有权及其内含的各项权利之外,还包含由海域资源资产所派生的有形物品、无形物品及其作用的受益权和不受损害权,主要反映海域资源资产的收益权或剩余索取权。

3.2 海域资源资产价值理论

3.2.1 海域资源资产价值

在人类的意识中，商品具有价值，这个观念已经根深蒂固，而海域等自然资源没有价值的观念也源远流长。但是，基于对传统的自然资源价值观的反思和对现实的自然资源供给与需求矛盾的分析，人们越来越认识到传统的资源价值观念难以适应现代化经济发展的需要，必须进行重新认识并加以完善。到目前为止，借助于效用价值论、劳动价值论等理论基础与依据，“资源有价”的观点已达成共识。

借鉴已有研究，海域资源资产的价值应该由如下三部分构成：

1. 经济价值

21 世纪，陆地资源的短缺，促使各国深刻地认识到：海域中蕴藏着远比陆地丰富得多的资源，是人类生存和发展的新空间；海域是资源丰富而未充分开发利用的资源宝库，有可持续发展的宝贵财富；开发和利用海域资源将是国家经济和社会发展的重要支撑条件，是增强综合国力的一项重要国策。

2. 生态价值

海洋是重要的生态系统，是人类生存和发展不可或缺的重要资源。所谓海域的生态价值是指海域无形的、功能性的服务价值，它包含的功能主要有：调节气候、吸收二氧化碳、释放氧气溶于水体、维护生态平衡、改善生态环境、增加生物多样性、废物处理、减少海洋自然灾害等。

海域生态价值问题，正是在海洋、河流、湖泊生态危机频生的背景下提出来的。严峻的现实迫使人们改变以往任意开发利用的行为，走出只有生产观点而缺乏生态观点的思维误区，承认并重视海域的生态价值，对所利用海域资源的生态价值予以科学评估，力求使海洋资源开发利用的规模、强度与资源、环境的承载力相适应。

3. 社会价值

社会价值即能满足人类精神文化和道德需求的价值，体现的是海域资源资产的存在价值和文化价值。例如海洋自然景观、自然遗产、海洋水产珍稀物种等的价值。海域具有这种价值是因为它能满足人类的精神需求，与人类的精神文明发展相适应。这一部分价值也是由海域的稀缺性和效用性决定的。

3.2.2　海域资源资产价值与价格的关系

在现代社会的日常应用之中，价格一般指进行交易时，买方所需要付出的代价。根据一般经济学原理，价格本质上是一种从属于价值并由价值决定的货币形式。价值的变动是价格变动内在的、支配性的因素，是价格形成的基础。

因此，海域资源资产价值是海域资源资产价格的基础，海域资源资产价格是海域资源资产价值的货币表现。在商品经济中，进入市场的海域资源资产的价格反映了其自身的价值，海域资源资产价格是围绕其价值上下波动的，受供求关系等因素的影响。

此外，海域资源资产的价值与价格不是恒定的，随着人类科技的发展、生产力水平的提高，一定会发生变化，但海域资源资产自身的品质、功效是恒久不变的。

3.3　海域资源资产优化配置理论

资源的优化配置是指在市场经济条件下，不是由人的主观意志而是由市场根据平等性、竞争性、法制性和开放性的一般规律，由市场机制通过自动调节对资源实现的配置，即市场通过实行自由竞争和"理性经济人"的自由选择，由价值规律来自动调节供给和需求双方的资源分布，用"看不见的手"进行优胜劣汰，从而自动地实现对全社会资源的优化配置。换句话说，海域资源资产的优化配置就是实现海域资源的高效率利用。

要实现海域资源资产的优化配置必须以市场经济为主，符合经济的客观规律，具有平等性、竞争性、法制性。只有满足这三方面，海域资源才能实现真正的优化配置。这三方面占据主导地位的就是市场经济，市场经济在资源的优化配置中起着决定性的作用，因此必须充分发挥市场的功能。市场经济的平等性、竞争性、法制性和开放性实质上是由商品经济的客观规律，即价值规律决定的，因而市场经济的一般特征是市场经济本身所固有的，不是由人的主观意志强加的。市场经济的优越性是实现海域资源优化配置的有效形式。

海域资源资产优化配置能够带来高效率的资源使用，其着眼点在于"优化"。海域资源资产配置是否优化，其标准主要是看海域资源资产的使用是否带来了生产的高效率和经济效益的大幅度提高。

另一方面，海域资源资产的优化配置是以合理配置为前提，以经济和社会的可持续发展，以及以整个社会经济的协调发展为前提的。人类社会的生产过程，就是运用资源，实现资源配置的过程。由于海域资源资产的有限性，投入到某种产品生产的资源的增加必然会导致投入到其他产品生产的这种资源的减少，因此，人们被迫在多种可以相互替代的资源使用方式中，选择较优一种，以达到利益的最大化。从这个意义讲，人类社会的发展过程，就是人们不断追求实现资源的优化配置，争取使有限的资源得到充分利用，最大限度地满足自己生存和发展需要的历程。

3.4 委托代理理论

委托代理关系起源于“专业化”的存在。当存在“专业化”时就可能出现一种关系，在这种关系中，代理人由于相对优势而代表委托人行动。现代意义的委托代理的概念最早是由罗斯提出的，即如果当事人双方，其中代理人一方代表委托人一方的利益行使某些决策权，则代理关系就随之产生。委托代理理论本来是契约理论最重要的发展之一。委托代理理论的中心任务是研究在利益相冲突和信息不对称的环境下，委托人如何设计最优契约激励代理人。授权者就是委托人，被授权者就是代理人。

委托代理理论的主要观点认为：委托代理关系是随着生产力大发展和规模化大生产的出现而产生的。其原因一方面是生产力发展使得分工进一步细化，权利的所有者由于知识、能力和精力的原因不能行使所有的权利了；另一方面专业化分工产生了一大批具有专业知识的代理人，他们有精力、有能力代理行使好被委托的权利。但在委托代理的关系当中，由于委托人与代理人的效用函数不一样，委托人追求的是自己的财富更大，而代理人追求自己的工资津贴收入、奢侈消费和闲暇时间最大化，这必然导致两者的利益冲突。在没有有效的制度安排下，代理人的行为很可能最终损害委托人的利益。而世界不管是经济领域还是社会领域都普遍存在委托代理关系，股东与经理、经理与员工、选民与人民代表、公民与政府官员、原(被)告与律师,甚至债权人与债务人的关系都可以归结为委托人与代理人的关系。所以为了预防和惩治代理人的"败德行为",委托人有必要采取"胡萝卜与大棒"政策:一方面是对其代理人进行激励,力求实现激励相容;另一方面对代理的过程实行监督。这样使得代理人的行为符合委托人的效用函数。

3.4.1 代理人的激励机制

代理人的目标函数是个人效用最大化。其效用函数为$\mu=f(x_1,x_2,\cdots,x_i)$,$x_i$为代理人的个人收入、职位消费、工作成就感、社会地位和声誉感等。所以,激励机制的设计应尽量兼顾所有这些变量。

1. 物质激励

物质激励包括短期激励和长期激励。

(1) 短期激励

包括基本工资、奖金、补贴和福利。

(2) 长期激励

包括年薪制、股票期权、分享制。

2. 非物质激励

它不是以物质利益为激励措施,主要有:

(1) 职位消费激励

指代理人按其职位所享受的社会和企业给予的各种优厚待遇,包括社会地位、对权力的行使、舒服的办公环境、高档专用轿车、住房补贴、出国旅游度假等，甚至还可能配备漂亮的女秘书。但是，如果代理人离职，则自动失去。

（2）精神激励

按照马斯洛的需求层次理论，人们在物质需求得到满足后，精神需求将成为新的激励因素，对于企业的管理者而言，当物质和职位需求得到满足，精神方面的需求便成为其继续努力的动力。精神激励主要包括社会地位、个人尊重和自我成就感等内容。

3.4.2 代理人的约束监督机制

如果说激励机制是“诱”，那么约束机制就是“逼”。从公司治理结构看，委托人对代理人的约束包括内外约束两个方面。

1. 内部约束机制

（1）经营决策制度

包括决策主体、决策范围、决策程序、决策责任和风险防范等。对董事长、总经理等的权力进行详细的、定量的规定，形成权力合理分配、互相制衡的机制。

（2）财务控制制度

包括各项经费开支规定、分级审批、财务审计等。财务负责人应直接由董事会任免，并对董事会负责，以形成对经理人员的财务监督。

(3) 内部监督制度

包括公司董事会、监事会、企业财务总监事。分工检查和监督各项规章制度内的执行情况,防止经理人员做出有损于公司的行为。

2. 外部约束机制

(1) 产品市场

产品市场是检验企业绩效的“裁判”之一。如果企业生产的产品不能适销对路,或者产品成本太高,那么企业就缺乏竞争力,生产率下降,经营萎缩,这对企业经理将是一个很大的压力和约束。

(2) 资本市场

其对经理的约束表现为两个方面。当企业管理不善时,资本所有者则用脚投票,债权人也可能向公司提出清偿的要求,从而使企业缺乏必要的资本,日子不好过。如果是上市公司,一旦企业管理不善,股东将实行“两票制”。一方面股东“用脚投票”,致使股价陡落;另一方面,股东通过股东大会“用手投票”改造董事会,并通过董事会罢免总经理。

(3) 经理市场

经理市场是一种特殊的要素市场,使在职者不敢懈怠,以保持其职位;也使替代者更加努力,以竞争代理人之职。

第4章 海域资源资产经营制度环境

4.1　海域资源资产管理体制

管理体制是指管理系统的结构和组成方式，即采用怎样的组织形式以及如何将这些组织形式结合成为一个合理的有机系统，并以怎样的手段、方法来实现管理的任务和目的。具体地说，管理的体制是规定中央、地方、部门、企业在各自方面的管理范围、权限职责、利益及其相互关系的准则。它的核心是管理机构的设置、各管理机构职权的分配以及各机构间的相互协调。它的强弱直接影响到管理的效率和效能，在中央、地方、部门、企业整个管理中起着决定性作用。

我国现行的海域资源资产管理体制是在 1998 年政府机构改革的基础上形成的，是统一监督管理与分级管理相结合的管理体制。国家海洋局作为国家海洋行政主管部门代表国家对全国海域资源资产实施综合管理，下设 3 个海洋管理分局、海监总队和 50 多个陆岸海洋监察站；沿海省、市（地）、县三级分别成立了地方海洋行政管理机构，基本形成了中央与地方相结合的自上而下的海域资源资产管理系统。

4.2 海域资源资产经营制度体系基本组成

我国海域资源资产经营制度体系是以《中华人民共和国海域使用管理法》《中华人民共和国海洋环境保护法》和《中华人民共和国物权法》等三部法律为主干，以国务院、相关部委、国家海洋局和沿海省（直辖市、自治区）关于海域使用管理、海洋环境保护等方面的法律、法规、规章和规范性文件为组成部分的基本格局，其主要内容涉及海域资源产权制度、海域有偿使用制度、海域资源市场交易制度、海域使用论证制度、海洋环境影响评价制度等方面。

1. 国家法律层次

法律层次是指全国人大及其常委会制定的规范性文件，包括《中华人民共和国海域使用管理法》《中华人民共和国海洋环境保护法》和《中华人民共和国物权法》。1993 年，国家海洋局和财政部联合出台了《国家海域使用管理暂行规定》，海域使用管理从此实现了有章可循；2001 年，全国人大常委会审议通过了《中华人民共和国海域使用管理法》，海域使用管理实现了有法可依。

《中华人民共和国海洋环境保护法》于 1982 年 8 月 23 日第五届全国人民代表大会常务委员会第二十四次会议通过，1999 年 12 月 25 日第九届全国人民代表大会常务委员会第十三次会议修订，自 2000 年 4 月 1 日起施行。2007 年，国家出台了《中华人民共和国物权法》，以民事基本法的形式，确立了海域物权制度。

上述三部法律为我国海域资源资产经营提供了基本的法律依据，尤其是前两者相辅相成、相互协调，共同担负着保护海洋环境和海域资源的重任。具体来说，《中华人民共和国海域使用管理法》第 1 条就明确规定立法的目的是“促进海域资源合理开发和可持续利用”，这也是海域资源资产经营的最终目标。《中华人民共和国海域使用管理法》所确立的我国海域使用管理三大基本制度，即权属制度、海洋功能区划制度、有偿使用制度也是海域资源资产经营必须遵守的法律制度。《中华人民共和国海域使用管理法》对海域资源资产经营中的产权关系、市场交易（一级市场、二级市场）、海域使用论证等作出了原则性的规定。《中华人民共和国海洋环境保护法》主要是为保护和改善海洋环境，保护海洋资源，防治污染损害，维护生态平衡，保障人体健康，促进经济和社会的可持续发展而制定的。《中华人民共和国物权法》确认了海域使用权的用益物权性质，极大保护了海域使用权人的合法权益。

2. 法规层次

法规主要是指国务院、地方人大及其常委会、民族自治机关和经济特区人大制定的规范性文件。在海域使用管理方面，国务院批准发布了《国务院办公厅关于开展勘定省县两级海域行政区域界线工作有关问题的通知》（国办发〔2002〕12 号）、《关于沿海省、自治区、直辖市审批项目用海有关问题的通知》(国办发〔2002〕36号)、《省级海洋功能区划审批办法》(国函〔2003〕38号)、《国务院关于全国海洋功能区划(2011—2020年)的批复》(国函〔2012〕13号)等8个规范性文件,内容涉及海域勘界、海域使用申请审批、海洋功能区划等。在海洋环境保护方面,国务院颁布了《海洋石油勘探开发环境保护管理条例》《海洋石油勘探开发环境保护管理条例实施办法》《对外合作开采海洋石油资源条例》《防止船舶污染海域管理条例》等。同时,沿海地方人大及其常委依据《中华人民共和国海域使用管理法》《中华人民共和国海洋环境保护法》和《中华人民共和国物权法》,制定了地方的海域使用管理条例,也是我国海域资源资产经营重要的法律依据。

3. 部门规章、规范性文件层次

多年来,国家海洋局和沿海地方人民政府依据《中华人民共和国海域使用管理法》《中华人民共和国海洋环境保护法法》《中华人民共和国物权法》等法律法规,出台了海域和海洋环境保护管理方面一系列规章、规范性文件,建立了海域使用管理和海洋环境管理配套法规体系,为海域资源资产经营提供了较为详细的可操作性和规范化的依据。

在海域使用管理方面,国家海洋局为规范海域使用管理,制定了《海洋功能区划管理规定》《海域使用权管理规定》《海域使用论证管理规定》等二十多个规范性文件;2006年和2007年,联合财政部出台了《海域使用金减免管理办法》(财综〔2006〕24 号）和《关于加强海域使用金征收管理的通知》（财综〔2007〕19 号）；2008 年，联合监察部、原人事部、财政部出台了《海域使用管理违法违纪行为处分规定》（监察部、人事部、财政部、国家海洋局令第 14 号）；2009 年，联合国家发展和改革委员会出台了《关于加强围填海规划计划管理的通知》（发改地区〔2009〕2976 号）；2010 年，联合国土资源部出台了《关于围填海造地管理有关问题的通知》（国土资发〔2010〕219 号）等。国家海洋局为规范海洋环境管理，下发了关于发布《海洋自然保护区管理办法》的通知（国海法发〔1995〕251 号）、关于印发实施《海洋自然保护区管理技术规范》的通知（国海环字〔2004〕560 号）、关于印发《海洋特别保护区管理暂行办法》的通知（国海发〔2005〕24 号）、《关于进一步规范海洋自然保护区内开发活动管理的若干意见》（国海发〔2006〕26 号）等，全面涉及了海洋生态保护、海洋石油平台、海洋工程、海洋环境保护应急管理、海洋倾废等内容。

与此同时，地方立法也在积极推进，沿海 11 个省市都出台了地方涉及海域使用管理和海洋环境保护方面的政府规章，制定了上百个规范性文件，与《中华人民共和国海域使用管理法》《中华人民共和国海洋环境保护法》《中华人民共和国物权法》相抵触的各类规章制度也得到了全面清理。

4.3 现行体制及制度体系下存在的问题

在现行管理体制及制度体系下，我国的海域资源资产开发经营取得了长足的进步，但也出现和累积了许多迫切需要解决的问题。

1. 海域资源资产管理正式制度的建设不完善

正式制度，是指人们有意识创造的一系列政策法则，包括法律、政治规则、经济规则等。海域资源资产管理的正式制度主要有：海域资源资产管理政策、海域资源资产管理法规、海域资源资产管理战略和规划等。

自20世纪80年代以来，我国涉海事务日益增多，相关法律法规和政策陆续出台，在一定程度上改变了海洋制度建设薄弱的问题。在国家涉及海域资源资产法律、法规体系的基础上，我国又制定了多个地方性海域管理相关规章制度。但总体看来，我国的海域资源资产管理制度建设还较落后，存在诸多问题。第一，海域资源资产法律体系还不健全，一些法律、法规还缺乏相应的配套细则。第二，我国涉及海域资源资产管理的法律和政策多为部门制定，部门利益突出，缺少综合统一性。同时，有些规定虽然比较详尽，但在落实过程中实际执行效果距离立法目标甚远。第三，缺乏宏观指导和规划，虽然我国在“十二五”发展规划纲要中明确提出了“发展海洋经济”，但从整体上看，尚未对海洋的战略地位有高度的认识，已经制定和实施的某些规划或战略仅是部门性的、区域性的或事务性的，难以促进海域资源资产开发的整体效益。

2. 海岸及其近海海域污染加重，环境质量急剧下降

随着人类生产方式的多样化和规模的扩大化，由海上开发活动进入海洋的废污水、废弃物越来越多，近些年来增加的速度非常快。另外，海上生产作业活动排入海中的污水和油类物质的数量也在增加。海洋污染的特点是污染源多、持续性强、扩散范围广、难以控制。

3. 海岸侵蚀加剧

海岸侵蚀是指在自然力（包括风、浪、流、潮）的作用下，海洋泥沙支出大于输入，沉积物净损失的过程，即海水动力的冲击造成海岸线的后退和海滩的下蚀。

海岸侵蚀是世界各地沿海普遍发生的问题。据报道，世界沿海约有70%的砂质海岸遭受侵蚀破坏。海岸侵蚀的后果是综合的，不仅吞没了大片滨海土地，而且毁掉众多的工程设施与建筑物，甚至逼迫一些城镇、村庄与工矿企业搬迁，损失相当巨大。

就我国而言，不论大陆海岸，还是海岛海岸，都存在侵蚀问题，有的地段还是十分突出的。近些年由于开发利用的不合理而引发、加剧的侵蚀现象层出不穷，其中以海岸工程建设而引发生侵蚀问题最为突出。

此外，不论何种目的修筑海岸堤坝或其他工程构筑物，

也都会势必改变海岸冲淤条件，使海岸动态发生改变，有时会造成侵蚀加剧。

4. 海洋生态系统破坏严重

我国海岸带生态系统的破坏比较严重。海岸带的这些生态系统属于高生产力生态系，其遭致破坏后的损失是巨大的。

而在对我国海岸带生态系统破坏中，围填海造地尤其厉害。围填海造地破坏了海洋物种和其他重要的野生珍稀物种的生存环境，海岸生物多样性迅速下降，导致了海岸带生态系统的严重破坏。围填海造地可导致潮差变小，海湾纳潮量减少，水体交换和携沙能力下降，导致海洋自净能力降低。对污染物稀释能力大大降低，造成区域内海水水质日益恶化，加大了赤潮发生的频率和强度。在一些重要的河口区域进行大面积围垦与促淤，会造成水动力的弱化使输沙途径与沉积条件改变，从而破坏了河口的自然演变规律，造成汇聚流的消失，使溯河和降海洄游性生物的洄游通道受堵，鱼、虾、贝、蟹类栖息和产卵场所不断减少和湿地面积萎缩，同时增加了水体浊度，影响了水体中的光合作用和浮游植物的正常生长，继而使局部海区产生初级生产力下降等一系列的负面效应，导致沿海湿地环境的自然平衡机制难以维持。同时，围填海材料中的污染物质和围填海活动过程中产生的大量悬浮泥沙也对海洋环境产生一定影响，大大降低了湿地调节气候、储水分洪、抵御风暴潮及护岸保田等功能。

5. 用海各部门之间争抢资源

用海各部门之间争抢资源，在我国海岸带开发利用上表现得最为突出。海岸带是指现在海陆之间相互作用的地带。也就是每天受潮汐涨落海水影响的潮间带（海涂）及其两侧一定范围的陆地和浅海的海陆过渡地带。海岸带作为第一海洋经济区，其生态系具有复合性、边缘性和活跃性的特征。陆海两类经济荟萃，生产力内外双向辐射，因此成为社会经济地域中的“黄金地带”。海岸带是临海国家宝贵的国土资源，亦是海洋开发、经济发展的基地，以及对外贸易和文化交流的纽带，地位十分重要。由于海岸带是由多种资源组成的自然综合体，往往具有多种用途，因此，在海岸带开发中，既有渔业部门，又有港口部门，还有滨海旅游部门，甚至还有工矿企业、市政建设等部门参与，最主要的是争占滩涂、海湾资源。行业争占资源使得一些宝贵的备择性窄深水岸线常被挪作他用。例如，一些企业为追求在临海区位“黄金岸段”发展房地产业的高额利润，不经科学论证，盲目围海造地，改变了海洋水动力环境，威胁着一些重要港口航道的畅通和深水港预留地的保护。

另外，海域资源资产的浪费较为严重，循环经济的理念在多数海域资源资产开发利用活动中仍十分薄弱。

4.4 存在问题的经济学分析

由于海域资源资产本质上还是自然资源，因此，对上文中开发经营问题的成因分析可以用资源与环境经济学的相关理论。在资源与环境经济学中，资源环境问题的根源可以归结为两个方面："制度失灵"和"科技失灵"。而"科技失灵"归根结底来自"制度失灵"。所以，下面从市场机制和政府干预两大资源配置手段入手分析我国海域资源资产开发经营中存在的问题。

4.4.1 市场失灵分析

市场失灵是指市场无法有效率地分配商品和劳务的情况。对经济学家而言，这个词汇通常用于无效率状况特别重大时，或非市场机构较有效率且创造财富的能力较私人选择为佳时。另一方面，市场失灵也通常被用于描述市场力量无法满足公共利益的状况。在此着重于经济学主流的看法。经济学家使用模型化理论解释或了解这个状况，市场失灵的两个主要原因为：成本或利润价格的传达不适切，进而影响个体经济市场决策机制；次佳的市场结构。

市场机制是资源配置的重要手段之一。理解市场是如何配置资源的，对于理解资源环境问题的原因十分必要。本部分以市场在海域资源资产配置上的成败为主线，探讨海域资源资产利用中存在问题的原因。

1. 外部效应导致市场失灵

外部性又称为溢出效应、外部影响或外差效应，指一个人或一群人的行动和决策使另一个人或一群人受损或受益的情况。经济外部性是经济主体（包括厂商或个人）的经济活动对他人和社会造成的非市场化的影响。即社会成员（包括组织和个人）从事经济活动时其成本与后果不完全由该行为人承担。经济外部性分为正外部性和负外部性。正外部性是某个经济行为个体的活动使他人或社会受益，而受益者无须花费代价；负外部性是某个经济行为个体的活动使他人或社会受损，而造成负外部性的人却没有为此承担成本。由于海域资源资产的准公共物品属性（详细论述见下文“公共物品理论”部分），因此，其具有外部效应。如上文中的围填海工程所导致的对生态的破坏和对环境的污染，就可以看作是海域资源资产在开发利用活动中体现的负外部性。

一般情况下，当社会产品存在外部效应时，市场对该产品的资源配置就缺乏效率。海域资源资产被过度利用、生态环境恶化的负外部效应行为表现为私人成本与社会成本、私人收益与社会收益的不一致。

假如代表性“厂商”的私人边际收益为 PMR，它等于社会边际收益 SMR；私人边际成本为 PMC，社会边际成本为 SMC，由于“厂商”污染（或资源过度利用）所引起的外部边际成本为 XC，那么结果是：

$$SMC=PMC+XC$$

这种私人成本与社会成本的偏离可以用图 4-1 加以表示。

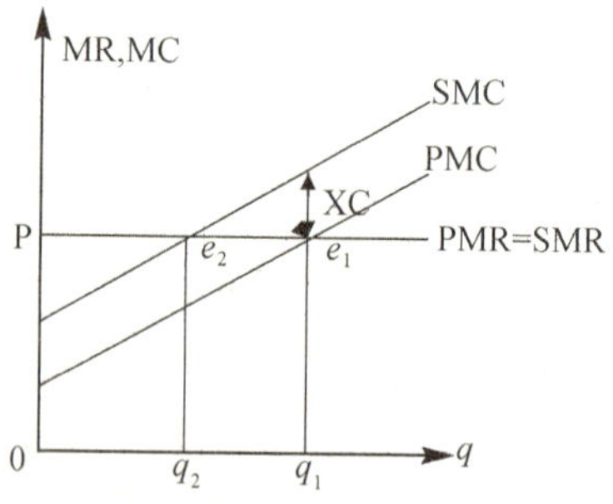

(a) 完全竞争厂商　　(b) 不完全竞争厂商

图 4-1　海域资源资产的外部效应与外部成本

图 4-1 中(a)和(b)的区别在于：在完全竞争条件下，代表性“厂商”的私人边际收益曲线(PMR)与需求曲线是重合的，并且是水平的；在不完全竞争条件下，代表性“厂商”的私人边际收益曲线(PMR)处在需求曲线之下，并且是向右下方倾斜的。在没有环境恶化(或资源过度利用)时，追求利润最大化的“厂商”的产量决策按照 PMC=PMR 的原则确定，即 e_1 点所决定的产量 q_1。存在环境恶化(或资源过度利用)时，如果由于恶化(或资源过度利用)所导致的外部成本 XC 不是由他本人来承担，则代表性“厂商”仍会把产量确定在 q_1 水平下。由于厂商的污染(或资源过度利用)行为导致了 XC 的外部成本，使边际成本曲线由 PMC 移向 SMC。这时，从社会的角度看，社会福利最大化的产量决定应按照 SMC=SMR

(等于 PMR)的原则来确定,即由 e_2 点所决定的产量 q_2。可见,由于负外部效应的存在,使代表性"厂商"按利润最大化原则确定的产量 q_1 与按社会福利最大化原则确定的产量 q_2 的严重偏离。q_1-q_2 的产量就是资源过度利用、污染物过度排放的低效率产出。即使是完全竞争厂商也不例外。因此,当存在负外部效应时,"厂商"的利润最大化行为并不能自动导致海域资源资产配置的帕累托最优状态,市场配置就缺乏效率,即市场失灵。

2. 公共物品理论

(1) 海域资源资产的准公共物品属性

公共物品是指每个人对某种产品的消费不会导致其他人对该产品消费的减少。公共物品的两大特性,即消费的非竞争性与非排他性。消费的非竞争性意味着增加额外的消费者不会影响其他消费者的消费水平,或者说增加消费者的边际成本为零;消费的非排他性意味着某物品的消费要排除其他人是不可能的。典型的纯公共物品有国防、公共安全等,这些物品一旦被国家提供,该国的居民都能享用,同时增加居民一般也不会降低其他居民的国防或公共安全服务。

在我国,海域资源资产是属于国家所有,实行的是公共产权制度,因此是一种公共资源,不具有排他性。但另一方面,由于海洋资源的稀缺性使得对海域资源资产的利用又具有竞争性。也就是说,个人对海域资源资产的利用会影响他人对该海域资源资产的利用,所以海域资源资产是一种具有竞争性但不具有排他性的准公共物品。

(2)“公地悲剧”

公地作为一项资源或财产有许多拥有者,他们中的每一个都有使用权,但没有权利阻止其他人使用,而每一个人都倾向于过度使用,从而造成资源的枯竭。过度砍伐的森林、过度捕捞的渔业资源及污染严重的河流和空气,都是“公地悲剧”的典型例子。之所以叫悲剧,是因为每个当事人都知道资源将由于过度使用而枯竭,但每个人对阻止事态的继续恶化都感到无能为力。而且都抱着“及时捞一把”的心态加剧事态的恶化。公共物品因产权难以界定而被竞争性地过度使用或侵占是必然的结果。

在现实生活中,海域资源资产破坏以及污染可以看作是“公地悲剧”的真实写照。由于不能排除他人利用海域资源资产的权利,加之海域资源资产的外部性,人们不需要为影响别人而付出代价,所以每个人都担心在自己还没有利用这些公共资源资产之前就被他人占用甚至用光,以致造成每个人均抢先使用,从而导致海域资源资产被利用过度甚至枯竭的现象出现。因为每个人都可以去利用而且都担心在自己利用之前已被他人用光,所以不愿等到海域资源资产利用的最适时机再去开发,结果使每个人都不能享受到海域资源资产的最适利用状态,“公地悲剧”必然发生。

(3)“公地悲剧”的博弈分析

博弈论(Game Theory),又称为“对策论”,是研究决策主体的行为发生直接相互作用时的决策以及这种决策的均衡问题。博弈类型有四种：完全信息静态博弈、完全信息动态博弈、不完全信息静态博弈和不完全信息动态博弈。与上述四类博弈相对应的是四个均衡概念，即：纳什均衡（Nash Equilibrium）、子博弈完美纳什均衡（Sub Game Perfect Nash Equilibrium）、贝叶斯纳什均衡（Bayesian Nash Equilibrium），及完美贝叶斯纳什均衡（Perfect Bayesian Nash Equilibrium）。

以海洋渔业资源为例，在海洋渔业资源的利用中，存在渔民与渔民之间的博弈行为。根据博弈论可知，如果所有的渔民都遵守规定，从海洋渔业资源可持续发展的角度出发，即选择合作，因为这样对各方都有好处。但这对一片海域中只有一个渔民的情况来说好办，一旦这片海域的渔民增加后，问题就变得复杂了，因为渔民增加之后每一个渔民的责任感开始减弱，表现在当人数增加之后，个人行为的后果对整体来说可能微不足道，但对自己却影响重大。也就是说，当有人去捕鱼，而自己却基于永续利用的观点自我克制，那么对整个渔业资源资产的增长带来的好处不大，但自己却要承担可观的成本，这时他会选择违规捕捞；另一方面，如果自己基于本身的利害而违规捕捞，那么对整体造成的伤害并不显著，可是自己却可以明显而且立即得到好处，这时他选择的策略是违规捕捞，即在总体上有加大利用资源的可能时，自己加大利用而别人不加大利用则自己得利，自己加大利用时其他人也加大利用，则自己不至于吃亏，最终是所有人都加大利用资源直至不能再加大利用(再加大利用肯定要受损)的纳什均衡(所谓“纳什均衡”就是各博弈方都不愿改变的策略组合)水平。

简单地说，就是在激烈的市场竞争中，当渔民进行分散经济决策时，只要找不到可以不增加私人成本的可持续方式，他就会根据自身个人(或家庭)利益选择非持续方式。设一个海域有 N 户渔民以捕鱼为生，这些渔民可以自由捕捞该海域的鱼，由于海域一年自然产鱼总量有限，只能供有限渔民进行捕捞，如果超过这个限度，渔民就可能因为缺乏足够的鱼源而减产或无收成，假设渔民们都知道这个海域一年自然产鱼量，这就构成 N 个渔民之间关于捕鱼的博弈。在这个博弈中，N 个渔民是博弈方，他们各自的策略空间就是他们可能选择捕鱼数 $q_i(i=1,\cdots,N)$；当各渔民捕鱼数为$q,\cdots,q_n$时，总数为：$Q=\sum_{i=1}^{n} q_i$，现假设该海区最多能自然产鱼量为 V，即在捕捞量为 V 时，第二年便可自然恢复到原来的状态，显然$Q=V$是最好的选择，这样能充分开发该海域的渔业资源；$Q<V$ 时，说明鱼未被充分捕捞；$Q>V$ 时，说明已过分捕捞，破坏鱼的自然生产，会造成以后减产；Q 远大于 V 会导致以后供鱼量趋于零，致使所有渔民破产。但是在现实中由于担心被他人占用甚至用光，渔民一般只会考虑增加自己的捕捞量，提高自己的收益，要达到 $Q=V$ 这种状态几乎是不可能的，所以产生 $Q>V$ 直至 Q 远大于 V，导致该海域鱼产量严重下降，甚至灭绝。

3. 市场失灵的解决方案

以庇古为代表的福利经济学派认为，导致外部效应的根本原因是私人边际成本与社会边际成本的背离，因此解决问题的途径是：政府可以通过税收与补贴等经济干预手段使边际税率（边际补贴）等于外部边际成本，使外部性内部化。但是，庇古手段也受到一些条件的约束，如税率的计算较为困难。因此，庇古手段受到一些经济学家的责难。

而依照美国经济学家科斯的观点，公共资源过度利用以至衰竭的主要原因是放牧地公有或自由进入的产权状态。如果将产权变更，把土地卖给牧场主，即将公共产权变为牧场主个人私有，他们就会仔细照料自己的土地，在决定今年放多少牲畜时，要考虑对牧草和土地肥力的影响，从而不至于减少未来的收益流。为此，他提出了"当各方能够无成本地讨价还价并对大家有利时，无论产权如何界定，最终将是有效率的"。可以看出，科斯方案的实质是在产权私有化的前提下，当事人双方可以通过自愿的交易方式重新明确产权安排来解决外部性问题。

那么，海域资源资产的外部性如何克服呢？如果完全根据科斯的界定明晰产权结构，以及选择经济组织形式来实现外部性的内部化，提高资源的配置效率，达到帕累托最优状态，而无需抛弃市场机制或引入政府干预，则外部性问题完全可由私人合约解决。但是这里有一个很重要的前提是市场机制完善，产权的界定容易。而在我国，市场经济体制还没有完全建立起来，政府还在资源配置的某些方面起着替代市场的作用。其次，科斯定理所指的只是一种静态的、双头的博弈格局，而一旦参与人增加，该方法并不能很好地解决外部性问题，政府干预还是必不可少的。更不用说我国海域资源资产因国家所有的法律地位决定了所有权及其连带的收益权只能属于国家，无法将其私有化。因此，完全采用产权经济学派的手段来解决我国海域资源资产利用中的外部性不是现实的选择，最为有效的方法是将福利经济学派和产权经济学派的观点结合，即在政府干预存在的条件下和国家保留最终所有权的前提下，明晰产权，形成相应的制度安排，使外部成本内部化。

同时，对"公地悲剧"的问题，也可以用建立排他性产权的办法加以解决。虽然我国海域资源资产归国家所有，但可将其余各项权利，如使用权、支配权、交易权等以有偿转让或协议的方式建立排他性的权利。此外，解决问题的另一个途径是依托力量强大的权威机构。也就是说，政府通过国家强制力，进行干预，建立优良的制度环境，优化资源配置。

4.4.2 政府失灵分析

目前，我国对海域资源资产的管理基本上根据陆地相关管理部门和产业向海洋的延伸，按行业部门进行管理。这种管理模式是陆地各种资源开发部门管理职能向海洋的延伸。

由于缺乏对海域资源资产统一的规划和调解指导，在当前这种分散型管理体制下，各海域资源资产管理部门职能和职责分散、交叉或重叠，导致我国的海域资源资产管理法律和政策指向不同、部门利益突出、缺少综合统一性，造成各海洋产业、地区、部门之间的矛盾重生，致使“政府失灵”，最终出现海域资源资产开发秩序的混乱和海洋环境的破坏。

同时，一些涉海部门由于为了维护自身的利益，或者说是一些利益集团为了维护自身的利益，通过相关涉海部门对海域资源资产开发利用的政策制定和政策执行上产生了与总体战略目标不相符合的影响，或者是负面影响，以致扭曲了政府政策的激励机制和作用，产生了寻租行为，使得政府干预这只“看得见的手”被寻租行为这只“看不见的脚”踩住，从而出现“政府失灵”，造成了资源配置的扭曲。

4.4.3　海域资源资产产权制度安排存在的问题

综合“市场失灵”与“政府失灵”的分析可知，对我国海域资源资产开发利用问题的解决有两种方式可供选择：一是清晰的产权安排，二是管理体制的完善。管理体制的不健全，是与产权制度的不完善密切相关的，因为产权制度决定着人们在资源利用和保护之间选择平衡点。但是，由于目前我国海域资源资产产权制度安排中存在着诸多缺陷，使得问题还不能有效解决。

1. 所有者缺位

由于海域资源资产表面上属于国家所有，但实际上是由各管理部门在控制、代表国家行使所有权职能，这就造成产权结构十分复杂，形成了所有权主体分散、行业分割的状态。大家“齐抓共管”，都是资源的所有者，又都不是明确的、完整的所有者，缺乏一个真正能代表国家对海域资源资产行使所有者职能的人格化责任主体，导致我国海域资源资产的国家所有者缺位。

2. 资源资产过度利用

在产权不明确的前提下，各管理部门虽然是事实上但并不是真正意义上的所有者代表，因此就无法对使用权进行有效的选择。从而，人们就得出“公有公用”的概念和逻辑。而既然是公用，理性的经济人必然选择最大限度“损人利己”地利用资源，导致对海域资源资产的过度利用，提高资源枯竭的风险，“公地悲剧”必然发生。

3. 清理权不清

主体分散、行业分割，各海域资源资产管理部门管理权不清。由于缺乏统一调配，很多部门往往只从本部门的利益角度出发，各自为政，缺乏全局观念，对某些领域争相管理，使得对海域资源资产的管理中存在着“多龙治海”的管理交叉和冲突，出现了在市场运作情况下不可能出现的交叉管理。这种行为大大降低了政府调控的效率，增加了社会和经济成本，降低了全社会的福利，使得政府无法完成调控、监督市场以实现资源最优配置的作用。

同时，由于权利分属不明确，一旦出现问题需要解决时，各管理部门就会相互推卸，而公众又无力阻止，致使又出现“三不管”的真空区，导致环境污染破坏等问题日益严重。

4. 管理权与使用权混淆

随着海洋产业的发展，海域资源资产管理中的政府部门同时也部分地充当了生产者的角色，造成管理权与使用权混淆。由于管理权与使用权混淆，而主管部门的一部分经济利益来源于本部门所管辖涉海组织或个人的经济效益，这就导致了这些主管政府机构在对资源进行配置上存在着对本身经济利益的考虑，而非完全实现资源的最优配置这一功能的目的。在这种情况下，本部门的组织或个人也就获得了优于其他自由竞争生产者的条件，但同时也使得政府本来的指导、调控、配置资源的功能失效。这种政府主管部门出于对自身经济利益考虑的寻租行为，导致了政府管理的失灵。该种寻租活动通常都是主管部门在公开的情况下通过立法、计划等形式实现，看似好像实现了竞争的平等，但实际上却是一种相对隐性的寻租。因此，那些在竞争中处于劣势的生产者为了获得至少平等的竞争机会，或者处于竞争优势的生产者为了扩大、巩固自己的垄断地位，就会将掌管相关海域资源资产的政府管理部门官员列为寻租的对象，并且展开行动，这无疑进一步导致了政府失灵。

通过上面的分析，可以看到我国海域资源资产开发经营中出现问题的深层次原因就是产权制度安排的不完善。所以，应该明晰我国海域资源资产产权，优化产权制度安排。一旦建立起一个严格、准确和全面的产权制度，那么“市场失灵”和“政府失灵”问题才可以迎刃而解，才能够保证海域资源资产开发经营的顺利进行。

第5章 海域资源资产经营的目的与原则

5.1 海域资源资产经营的目的

5.1.1 经营的基本含义

经营含有筹划、谋划、计划、规划、组织、治理、管理等含义，经营与管理相比，经营侧重指动态性谋划发展的内涵，而管理侧重指使其正常合理地运转。

传统的经营概念，有狭义与广义之分，具体看来，情况如下：

狭义的“经营”仅限于企业的经营，而且是与生产相对应的一个名词，因此，狭义的“经营”是指企业的生产活动以外的活动，即企业的供销活动。目前比较流行的观点是“经营”更高于“营销”，属一个层次，经营包含但不仅限于营销。经营同管理的区别在于：一个人可以经营上千万的生意，但还不能说他管理着一个生意，因为管理的对象是人、财、事，而经营的对象主要还是财。

广义的“经营”是法约尔在他的名著《工业管理和一般管理》中提出来的。他认为，企业的经营活动包括六个方面的活动：技术活动（生产、制造、加工）、商业活动（购买、销售、交换）、财务活动（筹集和利用资本）、安全活动（保护财产和人员）、会计活动（清理财产、资产负债表、成本、统计等等）和管理活动（计划、组织、指挥、协调、控制）。

而现代的经营其概念范围更广，认为人类的一切活动都是经营活动，只要是有目的的、有意识的活动，就是经营活动，即经过筹划（含决策、计划）、控制、组织、实施等经营职能，使其达到期望目标（目的）的活动就是经营活动。

综上所述，本书对“经营”的定义如下：经营是指个人或团体为了实现某些特定的目的，运用经营权使某些物质（有形和无形的）发生运动从而获得某种结果的人类最基本的活动。运用经营权的活动就是经营活动，在运用经营权的种种活动中所发生的人与人之间的关系就是经营关系，以进行经营活动为任务的各种组织就是经营组织，在经营活动中形成的观念、思想、感情、心理等就是经营意识或经营文化。

经营包括四个要素，即经营者、经营对象、经营权、经营的载体，其中经营者是主体，经营对象是客体，经营权是实现经营的手段，经营载体是相关的组织等。

5.1.2 海域资源资产经营的目的

对海域资源资产进行经营，主要为促进海域资源资产优化配置、盘活海域资源资产、提高海洋经济活力服务。我国海域资源资产经营的目的从宏观和微观的角度来看，可以分为以下两点：

第一，从宏观角度，以海域资源资产特性为基础，选择适合的海域资源资产经营模式，建立海域资源资产经营运行机制、管理监督体系，促进海域资源资产的优化配置，进一步提升我国海洋经济活力。

第二，从微观角度，确定使用者将海域资源资产用于参股、租赁、抵押、转让等具体经营流转环节的思路、方式、程序及操作要点，为能够更好地盘活我国海域资源资产及其保值增值服务。

5.2 海域资源资产经营原则

5.2.1 海域资源资产经营的基本原则

1. 可持续发展原则

可持续发展(Sustainable Development)是指既满足当代人的需求,又不损害后代人满足需要的能力的发展。换句话说,就是指经济、社会、资源和环境保护的协调发展,它们是一个密不可分的系统,既要达到发展经济的目的,又要保护好人类赖以生存的大气、淡水、海洋、土地和森林等自然资源和生态环境,使子孙后代能够永续发展和安居乐业。可持续发展的核心是发展,但要求在严格控制人口、提高人口素质和保护环境、资源永续利用的前提下进行经济和社会的发展。可持续发展的基本原则包括六个方面:

(1) 公平性原则。公平性原则主要体现为机会选择的平等性,其具有三方面的含义:一是指代际公平性;二是指同代人之间的横向公平性,可持续发展不仅要实现当代人之间的公平,而且也要实现当代人与未来各代人之间的公平;三是指人与自然,与其他生物之间的公平性。这是与传统发展的根本区别之一。各代人之间的公平要求任何一代都不能处于支配地位,即各代人都有同样选择的机会空间。

(2) 可持续性原则,指生态系统受到某种干扰时能保持其生产率的能力。资源的持续利用和生态系统可持续性的保持是人类社会可持续发展的首要条件。可持续发展要求人们根据可持续性的条件调整自己的生活方式。在生态可能的范围内确定自己的消耗标准。因此,人类应做到合理开发和利用自然资源,保持适度的人口规模,处理好发展经济和保护环境的关系。

(3) 和谐原则。可持续发展的战略就是要促进人类之间及人类与自然之间的和谐,如果我们能真正地按和谐性原则行事,那么人类与自然之间就能保持一种互惠共生的关系,也只有这样,可持续发展才能实现。

(4) 需求性原则。人类需求是由社会和文化条件所确定的,是主观因素和客观因素相互作用、共同决定的结果。与人的价值观和动机有关。可持续发展立足于人的需求而发展人,强调人的需求而不是市场商品,是要满足所有人的基本需求,向所有人提供实现美好愿望的机会。

(5) 高效性原则。高效性原则不仅根据其经济生产率来衡量,更重要的是根据人们的基本需求得到满足的程度来衡量。

(6) 阶跃性原则。随着时间的推移和社会的不断发展,人类的需求内容和层次将不断增加和提高,所以可持续发展本身隐含着不断地从较低层次向较高层次的阶跃性过程。

2. 协调综合发展原则

海域资源资产管理过程中要将经营开发海域资源资产与转变经济发展方式相结合。依托发展海洋经济,优化产业结构，推动海洋产业结构合理化和产业结构高级化发展的过程，实现海洋产业结构与海域资源供给结构、技术结构、需求结构相适应的状态。提高海洋产业之间协调能力，加强关联水平，使海洋产业发展与整个国民经济发展相适应。遵循产业结构演化规律，不断进行技术革新，使海洋产业结构整体素质和效率向更高层次不断演进。同时，通过海洋产业相关政策调整，影响海洋产业结构变化的供给结构和需求结构，实现海域资源资产优化配置。

3. 盈利原则

海域资源资产经营的基础原则就是盈利，对于理性经济人来说，一切经济活动的开展都是以盈利为目的。但同时也要在经营海域资源资产时做到利用资源，实现资源资产效用的最大化，实现利益的最大化。

综合看来，可持续发展原则是前提，盈利原则是基础，协调综合发展原则是深化。三项原则是相互联系而且密不可分，相辅相成，相得益彰的。

5.2.2 海域资源资产经营的技术原则

海域资源资产经营的核心就是海域资源资产的管理，在这核心之下要遵循以下几个方面的原则：

1. 持续经营的原则

持续经营就是使海洋资源资产的经营活动延续下去，实现永续利用，要依据海洋资源资产的再生能力，遵循严格开发程序，同时遵守国家相关的法律制度，协调好现在与未来的经济发展，强调整体的效益，将开发控制在合理的范围内。

2. 数量和价值观念并重的原则

应综合运用各种手段把海域资源资产的实物量与价值量核算有机地结合起来，系统地反映各类海洋资源资产变动的内在规律，不能仅仅注重数量的增长，从而忽视了社会、环境的效益。

3. 分类经营的原则

要根据海洋产业的不同种类对海域资源资产进行分类，按照人类社会对海域资源资产的生态和经济两大需求及海域资源资产的不同功能进行归类，分别按照各自的特点和经营规律进行经营，建立一种合理的经营模式。

4. 循序渐进的原则

对于海域资源资产的经营要根据实际情况进行开发利用，避免急功近利的开发方式，造成资源的浪费，保证海域资源资产的合理利用。

5. 保值增值的原则

对于海域资源资产的经营，不管是国有还是私人经营，都要遵循自负盈亏、自主发展、自主决策的原则，在保值的情况下，不断使海域资源资产增值，达到海域资源资产经营的可持续发展。

6. 明确责任主体的原则

在经营的过程中，各经营主体对于海域资源资产的经营负有主要的责任。在经营中如果出现了问题应尽快找到责任的主体，对问题进行处理。这可以很好地规范经营过程中海域资源资产的利用，使海域资源资产的经济效益达到最大。

7. 遵循市场的原则

在市场经济下，海域资源资产的经营要以市场为导向。在对海域资源资产进行规划与开发之前，要进行可行性调查与研究，研究投资的风险及预期效果，要遵循市场发展的供求规律，确定开发的层次、规模和方向，了解整个市场的需求及相关海洋产业的发展状况，避免盲目开发。同时，在市场交易中应秉持自愿、平等、公平、诚实信用的原则。

遵循市场交易原则主要有以下几个方面的作用：(1) 遵守市场交易原则，是保证市场交易活动有秩序、按规则进行的基本条件。(2) 有了这项原则，市场主体从事各项交易活动便有章可循，买卖双方才不致引起不必要的纠纷，从而使交易顺利进行；如果没有这项原则，市场交易必然无秩序，就会陷入混乱的状态。(3) 交易活动是商品服务市场上的基本活动，市场交易原则对于规范经营者和消费者的行为具有至关重要的作用。(4) 坚持自愿、平等、公平、诚实、信用的交易原则，这是遵循市场运行规律的必然要求。

第6章 海域资源资产的经营模式

6.1　经营模式的内涵

6.1.1　经营模式的概念

根据一般概念，经营模式是组织根据经营宗旨，为实现所确认的价值定位所采取某一类经营方式和方法的总称，其中包括企业为实现价值定位所规定的业务范围、企业在产业链中的位置，以及在这样的定位下实现价值的方式和方法。

由定义可以看出，经营模式是企业对市场作出反应的一种范式。为使这种范式在特定的环境下有效，必须包含三方面的内容：一是确定组织要实现什么样的价值，也就是在产业链中的位置；二是组织的业务范围；三是组织如何来实现价值，采取什么样的手段。

6.1.2　经营模式的种类

根据在产业链中的位置、组织的业务范围、组织实现价值的不同方式，可以区分出不同的组织经营模式。下面从经营模式的内涵所包含的三个维度对组织经营模式进行分类。

1. 根据组织在产业链中的位置

产业链的位置可以分为以下几个部分：设计活动、营销活动、生产活动和其他的辅助活动，其中最重要的是信息服务部门。

因此，根据对产业链位置的不同选择，可以得出八种不同的组合，也就是可以得出八种不同的经营思想和模式：销售型、生产代工型(纺锤型)、设计型、设计＋销售型(哑铃型)、生产＋销售型、设计＋生产型、设计＋生产＋销售型(全方位)和信息服务型。

(1) 生产代工型(纺锤型)经营模式

这类经营模式组织的特点是作为产业链中下游组织的供应商,一般根据客户的订单加工产品。在市场上,组织贴上其他组织的标牌进行销售,组织仅仅负责某一产业中某种或者几种产品或零件的生产,对于产品的销售和产品的设计不作过多涉及,如图 6－1 所示。

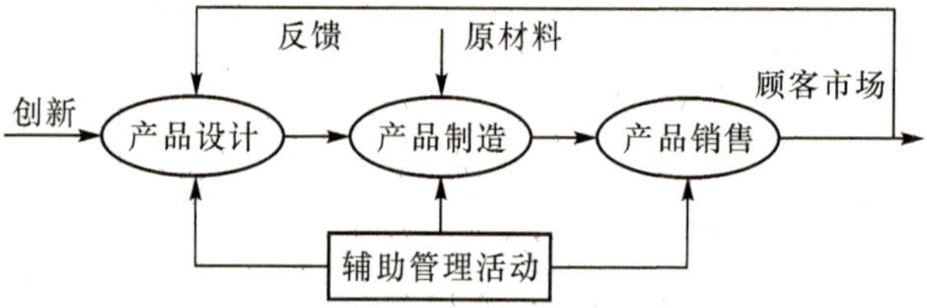

图 6－1　纺锤型经营模式

对于选取这种经营模式的组织,要求有很强的制造能力,相对于产业链中这个节点上的企业要有相当的竞争优势。其中最需要考虑的因素有两个:一个是质量,另一个是成本。其他需考虑的因素还有如交货期、制造的柔性能力等。

(2) 设计＋销售型(哑铃型)经营模式

这种类型的经营模式与生产代工型经营模式正好相反,组织不涉及生产领域的任何业务,只负责设计和销售。设计出市场上顾客所需求的产品和服务，然后寻找相应的生产代工，它要求组织具有很强的设计能力和销售能力以及拥有自己的知名品牌。这类企业和市场的联系非常密切，对于市场动态和顾客的需求非常敏感，是市场最快的响应者，如图 6－2所示。

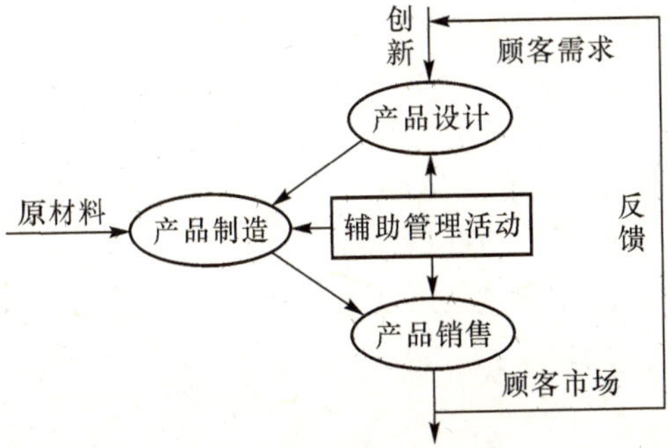

图 6－2　哑铃型经营模式

(3) 生产＋销售型经营模式

采用这种经营模式的生产型企业最为普遍，企业涉及业务流程中的后两个部分：生产和销售。对于产品设计，由于某种原因，企业并没有涉及。在这个节点的企业集合当中，企业之间的竞争激烈程度很大。经营模式如图 6－3 所示。

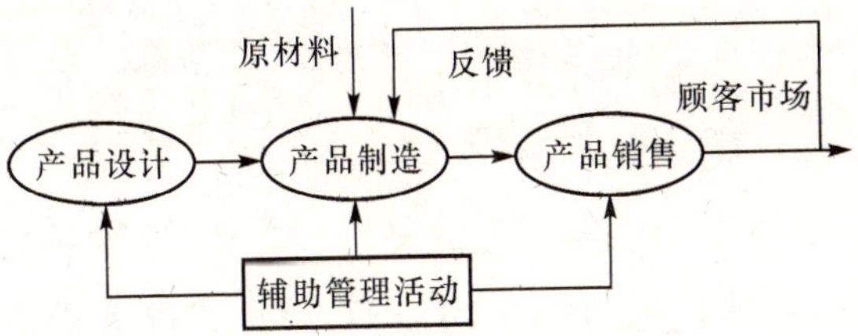

图 6－3　生产＋销售型经营模式

这种类型的组织最大的特点就是模仿，对于行业内领导者的行为非常敏感，一旦市场领导者推出新的产品，这种类型的组织就会马上进行模仿，并进行改制和改善。因此，这种类型经营模式要求组织的生产制造柔性好，能够适应产品的变化。

（4）设计＋生产＋销售型经营模式

这是在产业链节中涉及点较多的经营模式，采用这种经营模式组织的特点是具备一定的新产品开发能力，根据市场上的需求，自己开发出市场上需要的产品，同时对以往的产品进行改造；在制造方面，具有一定的制造能力，制造设备的柔性能力比较好，开发出来的新产品能够通过现有的设备进行生产或者有足够的资金进行新的生产线的建设。对于自己生产的产品通过自己的营销体系建立自己的客户群体。其经营结构如图 6－4 所示。

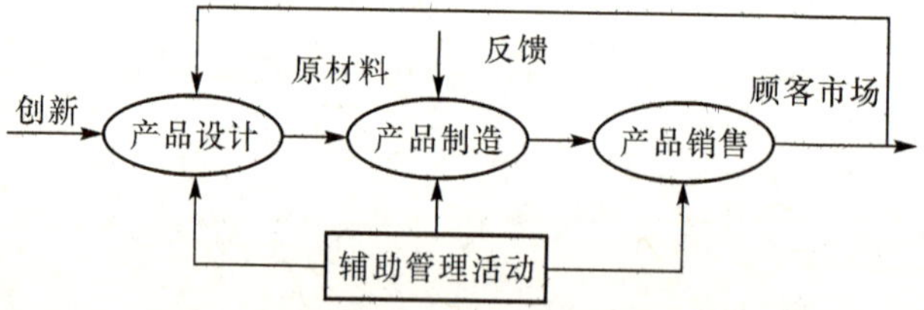

图 6－4　设计＋生产＋销售型经营模式

（5）信息服务类型

信息服务类组织较典型的是咨询公司，这种类型的企业或者公司，不涉及制造的一切活动，但是在很大程度上与制造业有着密切的联系。其经营结构如图 6－5 所示。

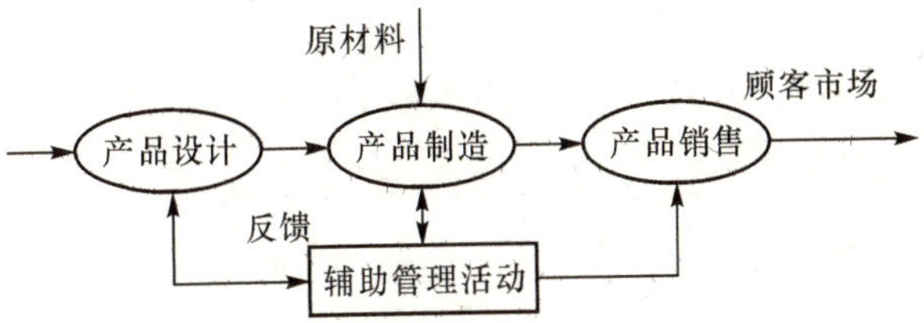

图 6－5　信息服务型经营模式

如何为其他组织提供信息服务和决策咨询，如何进行管理的变革和软件的实施，进行员工的培训和教育等是其提供服务的主要内容。

对于只管销售的这类组织大多数被称为经销商或分销商或代理商，对于只管设计的这类组织，一般为科研单位或专门从事创意工作的公司企业。

2. 根据组织的业务范围

业务范围的确定也就是产品和服务的确定，它始于产品或者服务给组织带来价值的大小，以及新的产品和服务对原有产品和服务的影响。根据业务范围可以划分为两类经营模式：单一化经营模式和多元化经营模式。

(1) 单一化经营模式

单一化经营，又称专业化经营，是指组织仅仅在一个产品领域进行设计、生产或者销售，业务范围比较单一。这类经营模式的优点是组织面对的市场范围比较有限，能够集中资源进行竞争；风险在于众多的竞争者可能会认识到专一经营战略的有效性，并模仿这种模式。实施单一化经营模式的优势在于便于集中所有人力、物力和财力发展一种产品，所需的资金量相对较少，资金使用效率较高，同时比较容易提高企业声誉，获取更高利润，而实施这种经营方式的企业能更认真地研究自身行业的发展前景，从而制定合适的发展战略，实现更大效益。然而单一化经营也有其局限性，不利于企业迅速扩大规模，同时如果选择的专业本身市场前景狭窄，实施专业化经营的企业核心竞争力不够，不能在本专业内树立自身的权威，也会严重影响企业的发展。

（2）多元化经营模式

多元化经营，是企业经营不只局限于一种产品或一个产业，而实行跨产品、跨行业的经营扩张。多元化经营，就是企业尽量增大产品大类和品种，跨行业生产经营多种多样的产品或业务，扩大企业的生产经营范围和市场范围，充分发挥企业特长，充分利用企业的各种资源，提高经济效益，保证企业的长期生存与发展。

多元化经营模式分为两种基本类型：集中化多元经营和横向多元化经营。集中化多元经营是指增加一些新的，但与原有业务相关的产品与服务。这种经营方式的特征是提供的产品或者服务和现有的产品或者服务有一定的相关性，提供的对象有可能是现有的顾客，也可能是新顾客；组织可能投入相当的资源拓展新的市场；也可能通过现有的营销网络进行经营。

横向多元经营是指向现有的用户提供新的与原有的业务不相关的产品或者服务。它的特点是提供的产品或服务与现有的产品或服务没有相关性，并且被提供的对象是现有的顾客，而不是新的顾客。也就是利用现有的市场，通过现有的营销网络进行经营。

企业运用多元化经营模式，可以起到以下几方面的重要作用：

① 分散风险，提高经营安全性。商业循环的起伏、市场行情的变化、竞争局势的演变，都直接影响企业的生存和发展。例如，某企业的生产经营活动仅限于一类产品或集中于某个行业，则风险大。所以，一些企业采用了多元化经营。如，生产耐用消费品的企业兼营收益较稳定的食品加工业，以分散风险，增强适应外部环境的应变能力。

② 有利于企业向前景好的新兴行业转移。由于新技术革命的影响，陆续产生了一些高技术新兴产业。企业实行多元化经营，在原基础上向新兴产业扩展，既可减轻原市场的竞争压力，又可逐步从增长较慢、收益率低的行业向收益率高的行业转移。

③ 有利于促进企业原业务的发展。不少行业间能互相促进。通过多元化经营，扩展服务项目，往往可以达到促进原业务发展的作用。

3. 根据组织实现价值的方式

实现价值的方式一方面借助于战略来实现，因此实现价值的竞争战略也是一种经营模式，此类经营模式主要有以下几种：成本领先模式、差别化模式和目标集聚模式。

（1）成本领先模式

成本领先模式是指组织努力发现和挖掘所有的资源优势，特别强调生产规模和出售一种标准化的产品，在行业内保持整体成本领先，从而以行业最低价格为其产品定价。

成本领先模式在不同的企业和同一企业的不同发展阶段，所追求和所能达到的目标是不同的，其目标是多层次的。企业应当根据自身的具体情况，整体筹划，循序渐进，最终实现最高目标。

① 成本领先模式的最低要求是降低成本

以最低的成本实现特定的经济目标是每个企业都应当追求的，当影响利润变化的其他因素不变时，降低成本始终是第一位的。但成本又是经济活动的制约因素，降低成本意味着对企业中每一个人都有成本约束，而摆脱或减轻约束是人的本性所在。因此，实施成本控制、加强成本管理，在企业中是一个永恒的话题。在既定的经济规模、技术条件和质量标准条件下，不断地挖掘内部潜力，通过降低消耗、提高劳动生产率、合理组织管理等措施降低成本，是成本领先模式的基本前提和最低要求。

② 成本领先模式的高级形式是改变成本发生的基础条件

成本发生的基础条件是企业可利用的经济资源的性质

及其相互之间的联系方式，包括劳动资料的技术性能、劳动对象的质量标准、劳动者的素质和技能、企业的管理制度和企业文化、企业外部协作关系等各个方面。在特定的条件下，生产单位产品的劳动消耗和物料消耗有一个最低标准，当实际消耗等于或接近这个标准时，再要降低成本只有改变成本发生的基础条件，可通过采用新设备、新工艺、新设计、新材料等，使影响成本的结构性因素得到改善，为成本的进一步降低提供新的平台，使原来难以降低的成本在新的平台上进一步降低，这是降低成本的高级形式。这一点在一些对安全和质量要求高的产品上，显得尤为重要也格外困难。

③ 成本领先模式的最低目标是增加企业利润

在其他条件不变时，降低成本可以增加利润，这是降低成本的直接目的。在经济资源相对短缺时，降低单位产品消耗，以相同的资源可以生产更多的产品，可以实现更多的经济目标，从而使企业获得更多的利润。但成本的变动往往与各方面的因素相关联，若成本降低导致质量下降、价格降低、销量减少，则反而会减少企业的利润。因而成本管理不能仅仅着眼于成本本身，要利用成本、质量、价格、销量等因素之间的相互关系，以合适的成本来维系质量、维持或提高价格、扩大市场份额等，使企业能够最大限度地获得利润。同时，成本还具有代偿性特征，在不同的成本要素之间，一种成本的降低可能导致另一种成本的增加；在成本与收入之间，降低成本可能导致收入下降，通过高成本维持高质量可提高收入，也有可能获得高利润。

④ 成本领先模式的最终目标是使企业保持竞争优势

企业要在市场竞争中保持竞争优势，在采取诸多的战略模式中，成本领先模式是其中的重要战略，同时其余各项战略措施通常都需要成本管理予以配合。战略模式的选择与实施是企业的根本利益之所在，降低成本必须以不损害企业基本战略模式的选择和实施为前提，并要有利于企业管理措施的实施。成本管理要围绕企业为取得和保持竞争优势所选择的战略模式而进行，要适应企业实施各种战略模式对成本及成本管理的需要，在企业战略模式许可的范围内，在实施企业战略模式的过程中引导企业走向成本最低化，这是成本领先模式的最终目标，也是成本领先模式的最高境界。

（2）差别化模式

差异化模式是指组织向顾客提供的产品和服务在行业内独具特色，这种特色足可以给产品带来额外的加价，如果一个组织的产品和服务的溢出价格超过其独特产品所增加的成本，那么，拥有这种差异化的企业将取得竞争优势。

（3）目标集聚模式

目标聚集模式是指在特定的顾客或者某一特定地理区域内，也就是在行业很小的竞争范围内建立独特的竞争优势，组织能够比竞争对手有效地为其狭隘的顾客群体服务。该模式有两种类型：成本集中和差异化集中。

除此之外,组织实现价值的方式还有其他的途径,如,从解决资本的角度可以分为独资和合资两种经营模式,从解决空间障碍角度可以分为跨国经营和区域经营两种模式。通过这些途径可以解决资本、空间障碍等问题。

6.2 海域资源资产经营模式选择

自2002年《中华人民共和国海域使用管理法》实施以来，海域资源资产使用权市场流转交易活动日益活跃。因此，参考土地等较成熟的自然资源经营方式方法，从宏观角度看，依据“路径依赖”原理，我国海域资源资产经营模式依然可以采用设立海域资源资产市场的方式。

海域资源资产市场包括一级海域资源资产产权交易市场（简称“一级市场”）和二级海域资源资产产权交易市场（简称“二级市场”）。一级市场是国家将其海域资源资产使用权通过审批、拍卖、招标、挂牌等方式转让给使用者的交易关系。二级市场是海域资源资产使用者在开发利用期限内将海域资源资产使用权再转让给第三者的交易关系，而且这种转让要能够继续多个层次。

就一级市场来说，由于海域资源资产是人类生存发展的战略性物资和经济发展的重要资源，因此国家在出让其使用权时，应本着公平优先、兼顾效率的原则，在地区之间、各海洋产业之间以及海域资源资产使用权行为主体之间，科学、合理、公平地配置海域资源资产使用权。

在二级市场上，本着优化配置资源的原则，海域资源资产使用者在符合法律规定的条件下，可以有偿转让、出租、抵押海域资源资产使用权。对于海域资源资产转让、出租、抵押的条件和相关资金数额等，都可以由当事人自由协商。国家只对海域资源资产开发利用方向予以监督控制，并收取相应费用和办理有关使用权转移登记手续。

第7章 海域资源资产的配置方式

7.1 海域资源资产配置的含义

1. 资源配置的概念和特征

资源配置是指资源之间、资源与其他经济要素之间的组合关系，以及资源在不同用途、不同使用者之间的分配状况和在时间、空间、产业等方面所作的结构安排。合理的资源配置是既要满足人们生产和生活的需要，又要使有限的资源得到最充分合理的利用。

资源配置具有以下特征：

第一，资源配置的根本原因在于资源的稀缺性。如果资源的储量足够多，能够满足资源的无限化需求，资源配置便没有必要。实际上，资源往往是有限的：一方面，一定时期内物品本身是有限的：另一方面，利用物品进行生产的技术条件是有限的，同时人的生命也是有限的，这种选择就是资源配置。西方经济学认为，资源的稀缺性导致"能够生产各种商品的全部资源的有限性，使得人们必须在各种相对稀缺的商品中间进行选择"。资源配置的前提是资源的稀缺性。

第二，资源合理配置是经济活动必须解决的根本问题。资源合理配置的基本目标是根据经济、技术等条件，把资源的要素进行合理组合，从时间上进行合理分配，从空间上进行合理布局，在产业之间进行合理调整，以充分利用资源，使资源产出的总体效益最大化，满足日益增长的各种社会需要。

第三，资源配置除了遵循经济学基本原理外，还需要遵守经济效益、生态效益和社会效益相结合以及最优化和可持续利用等原则。只有按照一定的目标和准则，通过一定的机制，才能实现自然资源的最优化和可持续利用的总目标。

第四，资源配置同时也是一个政治经济问题。资源配置的背后，首先反映了谁拥有决策资源配置的权力，其次反映不同利益集团采取什么手段对资源配置决策产生影响，最后还反映出资源配置的结果对不同利益人群的影响。

第五，资源配置与经济制度和经济体制密切相关。资源配置是任何一种社会生产都面临着的问题，因为绝大多数资源实际上都有稀缺性或者具有相对稀缺性的。但是，在计划经济、市场经济和混合经济这三种经济体制下，解决资源配置的原则、方法、体系是千差万别的。在当前，市场经济体制配置资源相对有效，但是资源配置仍然脱离不了行政配置，这种关联性将一直持续下去。

2. 海域资源资产配置的内涵

目前，尚未有关于海域资源资产配置的通用概念，但是根据上文提出的“资源配置”的通用概念，结合海域资源资产的特点，笔者认为海域资源资产配置是通过运用一定的方法，将海域资源资产分配给海域开发利用者，以实现海域资源资产的综合效益最大化的过程。

我国海域资源资产配置除了具备“资源配置”的基本特性外，还有其自身的特点。

首先，我国海域资源资产配置是现行海域使用管理的基本内容，并与我国现行海域使用管理中的海域权属制度相对应。目前国家主要是通过行政审批和招标、拍卖、挂牌等方式确定海域使用权的归属，实现海域资源资产与海域使用权人的配置关系，只是我国目前的行政审批和招标、拍卖和挂牌更多的是从经济效益角度出发，极少体现出海域资源资产的社会价值、资源环境价值。也就是说现行的海域权属制度能实现"交付"，但不能实现"对价交付"，这个"对价"就是海域资源资产的综合价值。

其次，我国海域资源资产配置不能脱离现有的海域使用管理中的海洋功能区划和海域有偿使用制度。海域资源资产配置与海洋功能区划、海域有偿使用三者是紧密结合的。在与海洋功能区划的关系上，海域资源资产配置研究的基本条件就是海洋功能区划制度。海域的用途和功能随着环境条件、开发利用技术、时间等条件的变化有所不同。由于海域是一个立体资源空间，适宜干什么，不适宜干什么，相互之间有什么影响，科学性很强，对一个未确定功能的海域进行配置不具备可行性，也无意义。海域资源资产进行配置的前提条件之一就是要确认海域的基本功能，这个使命由我国海洋功能区划制度完成。

海域资源资产配置与海域有偿使用也紧密联合。目前国家实行的海域有偿使用制度的主要表现是征收海域使用金，海域使用金是海域资源作为资产的经济价值的体现，也是海域资源资产配置的经济杠杆。

再次，实现海域资源资产合理配置需要科学的配置方法。由于海域资源资产具有稀缺性，其总量是固定有限的，但需求却是无限的，所以需要优化海域资源资产配置，更好地满足国家和社会以及广大人民群众无限增长的物质、文化需求。为了实现这些社会需求、经济诉求、资源环境诉求，必须依靠合理的配置方法。

7.2　海域资源资产配置方式概述[①]

《中华人民共和国物权法》对海域资源资产的物权属性进行了规定，在法律属性上，海域资源资产具备民法意义上物的特征，是一种类似于土地的不动产。《中华人民共和国物权法》的出台，为建设海域资源资产产权市场奠定了法律基础。此外，虽然国家还未能出台统一的管理规定，但沿海各地为顺利推进海域资源资产市场配置工作，纷纷出台了从省级到县级的有关管理规定，对以招标、拍卖、挂牌出让海域资源资产的具体操作方法予以了界定和细化，使海域资源资产招标、拍卖、挂牌出让规范化运作。河北省于 2004 年颁布实施《唐山市海域使用权招标、拍卖、挂牌出让暂行办法》。同年，山东省提出《文登市五垒岛湾海域使用权公开拍卖方案》，并于 2005 年颁布实施《日照市海域使用权招标拍卖挂牌出让实施办法》。江苏省于 2003 年颁布实施《盐城市海域使用权招标拍卖实施办法》，2004 年颁布实施《连云港市海域使用权出让招标拍卖实施办法》，2010 年完成了《江苏省海域使用权招标拍卖实施办法（试行）》（征求意见稿），2011 年颁布实施《如东县海域使用权招标拍卖挂牌出让暂行办法》。福建省于 2007 年出台了《福建省招标拍卖挂牌出让海域使

① 本章主要分析一级市场的配置方式，二级市场的分析详见本书最后一章。

用权办法》,2008 年出台《诏安县海域使用权招标拍卖规定》,2010 年出台《蕉城区海域使用权出让公开招标拍卖规定》。广东省于 2003 年颁布实施《惠州市海域使用权招标拍卖暂行规定》,2011 年起草了《广东省招标拍卖挂牌出让海域使用权办法(征求意见稿)》。广西壮族自治区于 2010 年起草了《养殖用海招标拍卖挂牌管理办法》和《工程建设项目海域使用权招标拍卖挂牌出让管理办法》。海南省三亚市 2006 年出台了《三亚市海域使用权招标拍卖管理办法》,2008 年海口市颁布实施《海口市海域使用权招标拍卖挂牌出让管理暂行办法》。2011 年 4 月,浙江省出台《浙江省招标拍卖挂牌出让海域使用权管理办法》。

同时,我国各级海洋管理部门还一直在推进海域资源资产产权市场的培育和发展,各地通过相关试点工作探索海域资源资产产权市场建设的实现模式和运行机制。如福建省漳州市已经形成了比较成熟的资源市场配置模式,以市政府文件方式发布了相关办法、实施方案,市委主要领导发表重要讲话推动海域资源资产产权市场配置工作,成立了专门机构"漳州市海域资源市场化配置工作领导小组及办公室",出台了市场化配置管理办法、防止垄断办法、保障渔民利用办法以及市场化配置工作联席会议制度、联合督查制度、信息通报制度和违法违纪线索移送协查制度等。

目前,在我国海域资源资产产权交易一级市场中,主要有审批、招标、拍卖和挂牌 4 种主要出让方式,其中审批属于行政配置，招、投标，拍卖和挂牌属于市场配置。下面对其进行详细介绍。

7.2.1　审批方式

审批方式指与选定的受让方达成协议，签订海域资源资产产权出让合同的方式。审批方式的基本特点是在没有第三者参与竞争的条件下，通过协商达到出让海域资源资产产权的目的。该方式一般适用于某些需要加以扶持的产业或部门的用海以及一些特殊的用海，如具有历史使用权的一些单位和个人、养殖用海、公益用海、港口用海、军事用海等。对于那些海域资源资产利用已有一定的习惯传统和民俗民约的地区，由于海域资源资产附加有就业保障和社会保障功能，尤其要注重公平原则以保证社会的稳定。对于失去原有海域资源资产产权的人，要给予适当的经济补偿，帮助其开辟新的就业渠道。在使用审批方式进行出让时，一定要坚持效率与公平兼顾的原则。

7.2.2　招、投标方式

招、投标出让海域资源资产产权是指通过发布招标公告，邀请特定或不特定的公民、法人和其他组织参加海域资源资产产权招标，根据投标结果确定海域使用者的行为。招标方式分为公开招标和邀请招标两种形式。公开招标是向全社会发布公告且不限定投标人的竞争性投标。邀请招标是由招标方式选择符合条件的单位或个人，向他们发出招标通知，邀请其参加投标。

招、投标方式是一种不完全竞争的方式，它在体现海域资源资产的市场价值的基础上，严格界定了出让海域的有关开发条件，激发了投标者对用海方案的积极研究，同时也给出让方留有选择余地。在确定海域资源资产产权的中标者时，既要考虑到投标价，还要考虑到对投标规划设计方案和企业的资信情况，经过招标小组的综合评价，最后择优选定中标者。所以，招、投标出让通常较适用于一些大规模或关键性的发展计划和投资项目用海。

7.2.3 拍卖方式

拍卖海域资源资产产权，是指在指定的时间、地点，组织符合条件的有意受让人到场，对出让产权的海域公开叫价竞投，按“出价最高者得”的原则确定受让人的一种方式。拍卖方式充分引入了的市场竞争机制，通过科学合理的竞买规则和公平公正的程序，提高了产权初始配置过程中的透明度，促进了海域资源资产产权的公平配置。一般来说，此种方式适用于区域条件合适、地理位置好、高盈利、竞争性强的旅游、娱乐等用海，还有一些有较高收益的养殖用海。

7.2.4 挂牌交易方式

挂牌出让海域资源资产产权，是指通过发布挂牌公告，按公告规定的期限将拟出让海域资源资产的交易条件在指定的场所挂牌公布，接受竞买人的报价申请并更新挂牌价格，根据挂牌期限截止时的出价结果确定海域使用者的行为。挂牌出让海域资源资产产权具有公开、公平、公正的特点，是招标、拍卖方式的重要补充形式。

该种形式报价的时间较长，给予了投资者更加充分的思考时间，避免了不理性竞争带来的炒作价格的现象，有利于投资者理性投资和公平竞争。

7.3 海域资源资产配置方式比较分析

1. 差异性

审批行政配置与招标、拍卖和挂牌市场配置作为两种不同方式，是相互区别的。

首先，两种方式的出发点不同。行政配置资源的出发点是生产能力，从能生产什么、能生产多少出发来配置资源，关注的重点是能生产什么，而不是是否真正需要这种生产能力。而市场配置资源的出发点是市场需求，从市场需求出发配置资源，关注的重点是供需关系，从市场供应关系出发，市场供过于求时，投入的资源就会减少或者撤出。

其次，两种方式的依据不同。行政配置资源的依据是指令性计划指标，行政配置资源以指令性计划指标作为配置资源的指示器，通过下达指令性计划自上而下控制着资源的流向、流量和组合比例。而市场配置资源的依据是市场价格，随着供求关系变化其市场资源的流向、流量和组合比例随即发生改变。

再次，两种方式的主体不同。行政配置资源时，主体是政府；市场配置资源时，主体是企业。行政配置资源时，政府机关实际上是在履行企业微观经营者，政府按照行政隶属关系，将国家宏观经济发展目标编织成计划指令，自上而下分发到企业，直接决定资源在不同部门、不同地区、不同企业间的分配，政府成了企业决策市场业务的主体，而企业则仅作为政府的附属工具。市场配置资源时，政府并不管企业的微观管理，企业成为具有市场主体且独立开展生产经营者，按照市场需求决定资源的流向、流量和组合比例，自主经营、自负盈亏，政府和企业实行分离制。

最后，两者的动力机制不同。行政配置资源以指令性计划的行政约束力为动力，指令性计划指标作为一种行政命令，具有行政约束力，企业必须被动接受，指令性计划行政约束力便成为行政配置资源的驱动力。而市场配置资源以企业对经济利润的实际追求为动力，企业基于对利润的追求可以把资源配置到价格高或者是社会上需求最旺盛的产品的生产上，企业赢取利润成为市场配置资源的驱动力。

2. 联系性

审批行政配置与招标、拍卖和挂牌市场配置是相互联系的。

理论与实践均已证明，通过市场机制的自发作用，一定程度上能解决配置什么和配置多少、如何配置和为谁配置的基本问题，但纯粹的市场配置也并不能完全保证资源配置的合理性和科学性，还需要政府实施规则并维持对市场经济起至关重要的制度的时候，市场作为“看不见的手”真正发挥作用。同样的道理，在完全政府行政配置中，资源配置的决策权力高度集中，物品和劳务的供求信息是自上而下再自下而上的纵向流动，动力机制主要来源与对经济当事人行为的限制以及精神的鼓励，基于社会稳定、国家安全、总量平衡等因素考量，行政配置在资源配置方面发挥出了重要作用，同时也导致资源市场不完善、不健全等一系列弊病。为此，政府需要从完善市场功能的角度出发，制定资源与环境的有关法律法规体系，为资源的使用界定明晰的产权，构建顺畅的产权交易市场，推动环境等公共产品进入市场，提高资源配置效益。可见，当市场化配置出现失误时，就需要政府开展干预工作，调整资源配置方式。正因为如此，海域资源资产配置可以有所侧重，但绝不能完全丢掉一方，需要通过政府的适度参与，完善市场机制。

7.4　海域资源资产配置方式优化

1. 我国海域资源资产配置方式现状

2002 年《中华人民共和国海域使用管理法》实施之后，明确了海域资源资产所有权和使用权问题，并初步建立了与海域资源资产使用权流转相关的体系，特别是在涉及海域资源资产使用权的申请和审批等方面都做了详细的规定。2002 年，辽宁、山东、江苏以及广西等地积极探索开展海域资源资产产权招标、拍卖和挂牌工作，为建立“公开、公平、公正”的海域市场积累了经验。在 2003 年到 2010 年这 8 年的时间里，通过招标、拍卖和挂牌方式确权的海域资源资产数量基本维持在 40 宗左右，而 2011 年大幅提高为 120 宗，2012 年为 70 宗，确权面积也由 2003 年的 3 000 hm^2 发展到 2012 年的 11 695.65 hm^2。

但是由于海域的特殊性以及其所涉及的国家和公众利益，到目前为止，国家海洋主管部门还是主要通过审批的方式来让渡海域资源资产产权。以 2006—2010 年为例，全国通过招标、拍卖等方式确权海域面积占总确权面积的比例分别为 3.16％、1.07％、4.55％、2.59％、3.24％，而超过 95％的确权海域都是以行政审批方式出让的。

2. 我国海域资源资产配置方式优化

随着海域资源资产市场的日益拓展，海域资源资产开发利用活动日渐频繁，海域资源资产流转市场化的趋势也日益凸显。为了体现市场交易的公平性和公开性，并有效防止政府主管部门可能出现的寻租行为，应当改善当前以审批为主的出让方式，重点发展招标、拍卖和挂牌的出让方式，同时对招标、拍卖和挂牌涉及的主体、程序等相关内容做进一步的明确和规范，便于有效指导我国海域资源资产的合理开发利用，增加海域资源资产产权出让的透明度。

具体来看，推进我国海域资源资产市场配置的必要性有：

(1) 是我国市场经济体制完善的必然要求

在社会主义市场经济条件下，市场是有效配置资源的手段，其中也应包括海域市场。从我国当前市场体系的发育情况来看，生产要素市场的发育相对滞后，而海域资源资产作为海洋经济发展的重要生产要素，其市场建设更加滞后，以至基本没有建立，阻碍了我国社会主义市场经济体制发展的进程。海域资源资产产权市场是我国社会主义统一市场体系中的重要组成部分，建设海域资源资产产权市场是完善社会主义市场经济体制的必然要求。

（2）是提高海域资源资产配置效率的重要手段

行政审批配置海域资源资产很难真正体现其价值，无法通过市场竞争实现海域资源资产的有效配置。只有推进海域资源资产市场配置，才能够充分发挥市场机制在资源配置中的基础性作用。

（3）是避免国有资产流失的重要保证

维护国家海域资源资产所有者权益，推进海域资源资产市场配置工作，是国有资产所有者本身享有的权利，对于避免国有资产流失也是重要的管理手段。同时，推进海域资源资产市场配置有利于海域资源资产产权的公平、合理、合法取得，也有利于其合法经营和流转，对于作为市场主体的企业也是公平的、必要的。

综合以上论述，虽然当前在我国关于海域资源资产产权出让的法律法规中对招标、拍卖和挂牌方式的规定相对简单，程序方面的相关规定还有待完善，但是海域资源资产市场配置的趋势决定了需要加快招标、拍卖和挂牌等出让方式的完善，这样可以增加海域资源资产产权市场的透明度，保障海域资源资产产权市场公平、公开、有序的发展。为此，一方面应当明确通过审批方式出让的海域资源资产产权类型，如涉及国家及公共利益、特殊用途以及围填海等类型的用海，由于其公共性以及对海域环境的严重影响，需要通过审批的方式进行出让，以保障海域的可持续发展；另一方面应当积极培育并拓展招标、拍卖和挂牌市场，完善招标、拍卖和挂牌程序，明确招标、拍卖和挂牌对各方当事人的要求和条件，建立相关责任制度，这样既有利于海域资源资产产权市场的健康性和竞争性，又可以有效避免因审批权限过大可能产生的寻租现象。

第8章 海域资源资产市场运行

8.1 海域资源资产市场运行机制

市场运行机制是指市场价格的波动通过市场主体之间的利益竞争、市场供求关系的变化来调节经济运行的机制，主要包括供求机制、价格机制、竞争机制和风险机制。其中，供求机制和价格机制是市场运行机制的核心。

在市场经济中，众多的生产者生产着种类繁多的商品，是市场价格引导着资源配置方向，使稀缺资源得到最优配置。除自身因素外，海域资源资产价格的形成主要是由供给与需求来决定的。

海域资源资产供给量是在某一特定时间内，在某一海域资源资产市场，某类用途海域资源资产在某一价格下可供出售或出租的数量。一般而言，无论市场上海域资源资产的价格如何变动，海域资源资产的自然供给是不变的，即海域资源资产自然供给基本无弹性。但是，由于海域资源资产用途是可以改变的，对某一用途的海域资源资产而言，海域资源资产的供给是可以变化的。在市场价格不变的情况下，由于决定海域资源资产供给量的其他因素发生变化，供给也会发生变化。

决定海域资源资产经济供给量的因素主要有：海域资源资产价格、税收等政府政策、海域资源资产利用计划和规划、海域资源资产开发成本及机会成本、海域开发技术水平等。一般情况下，某种用途的海域资源资产市场价格越高，其供给量越大;市场价格越低,其供给量越小。由于海域资源资产开发投入的资金量较大,开发期较长,且海域资源资产用途在短期内很难改变,因此,海域资源资产的经济供给一般跟不上需求的变化,表现为滞后性。这样,在短期内,海域资源资产的经济供给也很难改变,表现为无弹性或弹性很小。但从长期来看,海域资源资产的用途是可以改变的,因而海域资源资产的长期供给表现为有弹性。

海域资源资产需求量的决定因素主要有:海域资源资产价格、消费者或投资者的货币收入和融资能力、海域资源资产开发技术、人口因素和家庭因素、消费者或技资者偏好、对未来的预期等。一般而言,海域资源资产价格越高,对海域资源资产的需求越小;海域资源资产价格越低,对海域资源资产的需求就越大。当消费者的货币收入增加时,对海域资源资产的需求就增加。当投资者在社会上能更方便、更容易获得资金,因而对海域资源资产开发的能力增强时,对海域资源资产的需求就增加。海域资源资产市场的投机程度及政府对投机的限制程度,对其投资的偏好或是否把海域资源资产投资当做抵御通货膨胀的手段等,都会引起海域资源资产需求量的变化。

海域资源资产价格是由海域资源资产的供给与需求二者共同决定的。根据上述海域资源资产的供给和需求原理,在某一海域资源资产市场,当海域资源资产的价格持续上升,海域资源资产的供给量增加,但海域资源资产的需求量减少，最后该市场的海域资源资产供给量就会超过需求量，出现过剩，从而会使部分海域资源资产卖不出去，海域资源资产价格就会下降；相反，当海域资源资产价格持续下降时，海域资源资产需求量就会增加，但海域资源资产供给量会减少，最后该市场的海域资源资产需求量就会超过供给量，出现短缺，从而会使海域资源资产价格上涨。需求与供给二者相互作用的结果，最终使海域资源资产的供给和需求会在某一价格上相等，这时既没有过剩，也没有短缺，出现了市场均衡，这时的价格就称为均衡价格。

竞争机制是商品经济最重要的经济机制。它反映竞争与供求关系、价格变动、资金和劳动力流动等市场活动之间的有机联系。它同价格机制和信贷利率机制等紧密结合，共同发生作用。竞争包括买者和卖者双方之间的竞争，也包括买者之间和卖者之间的竞争。竞争的主要手段，在同一生产部门内主要是价格竞争，以较低廉的价格战胜对手。在部门之间，主要是资金的流入或流出，资金由利润率低的部门流向利润率高的部门。

竞争机制充分发挥作用和展开的标志是优胜劣汰。竞争机制能否发挥作用是有一定前提条件的。如：(1) 商品的生产者和经营者应是独立的经济实体，而不是行政机关的附属物。只有在生产者和经营者有权根据市场状况去决定自己的生产方向的变动、生产规模的扩大和缩小、投资规模和方向的情况下，竞争才能展开。(2) 承认商品的生产者和经营者在竞争中所获得的相应的利益。只有承认经济利益,才能使竞争者具有主动性和积极性,具有竞争的内在动力。(3)要有竞争所必需的环境,关键是要有一个结构配套、功能齐全的市场体系。只有在这样的环境中,商品和资金流通才不受阻,竞争才能正常展开。随着社会主义市场经济的建立和发展,竞争机制显示的作用日益明显。完善竞争机制,实行优胜劣汰,也成为推动我国改革深入的一项重要内容。

竞争机制对市场经济的运行和发展具有重要作用,其体现在以下几个方面:(1)使商品的个别价值转化为社会价值,商品的价值表现为价格,从而使价值规律的要求和作用得以贯彻和实现。(2)可以促使生产者改进技术、改善经营管理,提高劳动生产率。(3)可以促使生产者根据市场需求组织和安排生产,使生产与需求相适应。

风险机制是海域资源资产市场运行机制的基础之一,是指风险与竞争及供求共同作用的原理。在市场竞争中,任何企业在从事生产经营中都会面临着盈利、亏损和破产的风险。价格机制能影响风险机制,价格涨落能推动企业敢冒风险,去追逐利润。同时,在利益的诱惑下,风险作为一种外在压力同时作用于市场主体,与竞争机制同时调节市场的供求。

风险机制也是市场运行的约束机制。它以竞争可能带来的亏损乃至破产的巨大压力,鞭策市场主体努力改善经营管理,增强市场竞争实力,提高自身对经营风险的调节能力和适应能力。风险与竞争密不可分，没有竞争就不会有风险，没有风险也不需要竞争。竞争存在着风险，风险预示着竞争，两者密不可分，以至于有时人们把它们合在一起，统称为风险竞争机制。

价格机制和风险机制的作用关系表现在，价格的高低会影响风险的大小。产品如果卖不出去，生产者和经营者所遭受的损失越大，生产者、经营者所承担的风险就越大；而如果产品被需方买到，由于价格较高，则效益与成本的比率较小，所以风险较大。对于供方来说，风险越大的产品，希望价格越高；而对于需方来说，风险越大的产品，希望价格越低。所以风险制约着产品的价格。

8.2 海域资源资产市场管理监督体系

8.2.1 建立海域资源资产市场管理监督体系的必要性

目前，我国尚未建立一套完善的海域资源资产市场管理监督体系。而对海域资源资产市场的交易过程实施监督，是保证海域资源资产所有者权益的必要措施和手段，尤其是在目前我国海域资源资产管理体制尚不完善的特定条件下，构建包括确认监督主体、界定监督职能、落实监督责任在内的监督体系，是以多级委托——代理关系实行海域资源资产市场交易的关键环节。具体来看，建立我国海域资源资产市场管理监督体系的原因有以下两点。

(1) 作为海域资源资产的公共产权主体，国家是个抽象的集合，权利无法被具体界定到某个人。因而，要切实行使海域资源资产的所有权，国家必须把这一权利委托给相关代理人实施，然后一级一级地向下委托，直至资源使用者。这样，海域资源资产的产权被层层委托给众多具体代理人去行使，就存在着多层次的委托——代理关系。然而，国家和它的各级委托代理人都有着不同的行为和利益目标。每个环节的代理人与他的委托人的利益目标都可能存在差异，从国家到最后代理人(具体使用者)，这种利益目标差异可能会越来越大。这样，就存在着代理人行为严重背离海域资源资产产权主体和终极所有权人利益的可能，即代理人会发生“败德行为”,使海域资源资产市场交易得不到最优安排,最终造成国有资产流失的可能性增大。

因此,国有海域资源资产市场管理监督体系的设置与运作可以确保所有者的意志和利益要求真正在具体的开发利用中体现出来,保证代理人追求的目标不偏离所有者的期望;国有海域资源资产市场管理监督体系的设置和动作是我国海域资源资产有效配置和高效利用的基础。

(2) 对相对量大面广的海域资源资产实施监督的能力太弱。虽然我国各级海域资源资产行政管理部门多年来在海域开发利用的监督管理中发挥了重要作用,但对相对量大面广的海域资源资产和众多的海域资源资产使用者而言,是不够的,也难以解决海域管理中的开发利用、环境保护以及国家海洋权益的维护等一系列复杂问题。

综上所述,探索如何实现国有海域资源资产的有效监督,逐步构建起国有海域资源资产监督体系,形成一个既适应其所有制特点,又符合资产监督规律的理论,对推进我国海域资源资产市场交易的发展显得尤为迫切。

8.2.2 海域资源资产市场管理监督的目标和内容

1. 海域资源资产市场管理监督的目标

我国海域资源资产市场监督的总体目标是实现海域生态、经济、社会效益同步增长,海域资源资产可持续开发利用。具体目标一是确保海域资源资产的合理配置;二是确保海域资源资产的公平交易；三是防范国有海域资源资产流失。

2. 海域资源资产市场管理监督的功能

海域资源资产市场管理监督主要有以下三种功能：

(1) 制约功能。指海域资源资产市场管理监督主体对海域资源资产市场交易中的各要素、各环节、各阶段进行的检查、监督和牵制的活动。它能进一步保证各项相关政策、法规得到有效贯彻执行，使海域资源资产市场沿着正确轨道运行。

(2) 预防功能。指在海域资源资产市场交易进行检查过程中，要善于发现和寻找各种对海域资源保护、发展和利用管理可能产生不利影响的现实的和潜在的因素，以防止和阻止各种错误和偏差的出现。它能及时发现问题，并提前预警，避免出现偏差给海域资源资产带来损失和破坏，起到防患于未然的作用。

(3) 反馈功能。指在监督过程中，把监督、检查发现的各种问题、偏差、成绩、经验等各方面的信息，及时向有关部门反馈，为进一步改进海域资源资产市场管理工作提供可靠依据。它对保护海域资源资产、提高海域资源资产利用水平起到积极促进的作用。

3. 海域资源资产市场管理监督的内容

为了使海域资源资产在市场交易过程中，始终体现国家的意愿，需要引入国有资产监督行为。因此，我国海域资源资产市场管理监督的内容就是通过构建海域资源资产市场管理监督体系，使不同用途的海域资源资产在各自交易过程中，把一切违背方针政策的行为无论在发生前或发生后，都及时、准确地传递到国家所有者视野中，及时发现可能存在或已经发生的重大问题，以取得指导。另外，还要对海域资源资产收益进行监督，了解海域资源资产开发利用状况，对收益的处置、利润分配进行监督，以维护所有者权益。

4. 海域资源资产市场管理监督的方式

国有资产的监督方式是由国有资产的产权性质及其特征所决定的。参考一般国有资产的监督方式，从海域资源资产的资源性和利用周期的长期性的特征出发，我国海域资源资产市场管理监督方式主要有以下两类：

(1) 时段划分，可分为事前(超前)、事中、事后监督三种

事前(超前)监督是减少损失，防止浪费资源的有效措施，可以将问题解决在萌芽状态，做到防患于未然；事中监督是对行为进行中的监督，是防守型监督；事后监督是对行为结果的监督，是被动型监督。

以上三者的结合可构成对海域资源资产利用者行为全过程进行监督，做到事前“堵住”，事中“卡住”，事后“查处”，保持整个监督过程首尾有机联系，从整体上提高监督效果，保证权力始终在正确的轨道上运行。

(2) 按监督手段不同，划分为参与实施监督、审核实施监督、核查实施监督三种

参与实施监督。监督者直接参与海域资源资产市场交易活动，在参与中及时发现问题，提出监督建议，发挥监督的

制约、预防和反馈作用。这种监督方式可以及时准确地了解、掌握被监督对象的情况，防止出现偏差，发挥监督的预防功能，但监督者不得干预更不得代替具体工作。

审核实施监督。监督者对海域资源资产市场交易的计划、规划、方案等的合理性、合法性进行审核把关，提出监督审核意见，实现监督目的。

核查实施监督。监督者对海域资源资产市场交易的成果、计划的执行情况进行核查，通过核查结果与利用成果的对比，来证实成果的真实性、可靠性。

上述监督方式在实际中可结合运用，也可单独运用，对不同用途的海域资源资产应分别采取不同的监督方式。

8.2.3 海域资源资产市场管理监督体系的构建

1. 海域资源资产市场管理监督体系的构成要素

海域资源资产市场管理监督体系（图 8－1）是由一个既相互联系，又相对独立的主体对客体行为实施制约的、具有整体性的系统。它是由委托者、代理人以及监督者三者构成的。监督者提供代理人行为信息给委托者，委托者根据自身的信息与监督者的信息，对代理人的行为正确与否进行判断。除上述三个监督主体和监督客体外，还需要相应界定监督职能、落实监督责任。因此，监督主体、监督客体、监督职能和监督责任是构建海域资源资产产权管理监督体系必不可少的四个要素。

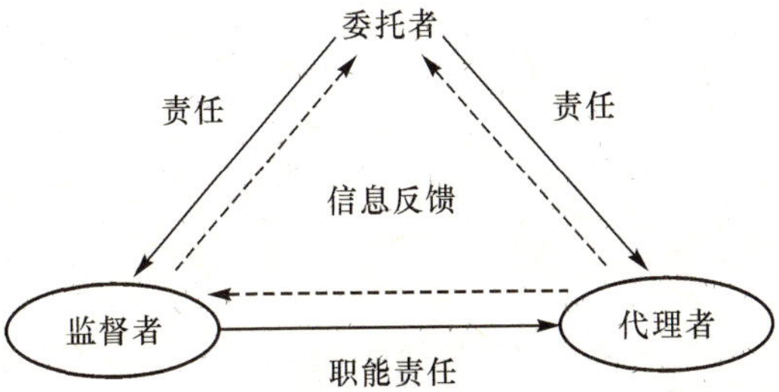

图8-1　海域资源资产市场管理监督体系构成要素

2. 构建海域资源资产市场管理监督体系的基本要求

构建我国海域资源资产市场管理监督体系，既要适应现代市场经济的要求，又要符合海域资源资产产权制度的内在特征。

(1) 要适应海域资源资产产权的多层委托代理特点，确保所有者的合法权益

要做到所有权与支配权的统一，实现海域资源资产所有者对最终代理人的监督和控制，就要明确所有者（初始委托人）的监督权，还应在各级代理关系中，强调一级代理人对次级代理人的监督，使海域资源资产代理人有真正到位的所有者约束。只有从海域资源资产所有者到最终代理人的监督和控制成为环环相扣的体系链条，才能使监督视线不中断。

(2) 要适应市场经济运行要求，保障海域资源资产使用者的活力

在市场经济体制条件下，国家只能以出资人的角色对海域资源资产的市场交易活动行使所有者职能，行使的是财产所有者的权益。至于维护海域资源资产使用者正常开发利用活动所需的经营管理权，如计划、财务、劳资、组织和协调

等权利，是海域资源资产使用者在市场环境中运作必需的一种事权，与其海域资源资产产权无内在联系。

综上所述，构建有效的我国海域资源资产市场管理监督体系，既要保证海域资源资产所有者的利益，也就是国家的利益不被侵犯，又要赋予资源使用者应有的事权，保持其活力，使海域资源资产能高效利用。从这些构建监督体系的基本要求看，它既包括所有者的监督，同时也应包含行政监督、司法监督、社会监督、舆论监督等。这些公共性质的监督，都能为所有者提供代理人是否正当利用海域资源资产的信息，全方位地维护好海域资源资产所有者的合法权益。

3. 海域资源资产市场管理监督体系的构建

根据构建海域资源资产市场管理监督体系的基本要求，可以采用“内部监督＋外部监督”的双重约束的海域资源资产市场管理监督体系。

内部监督是指海域资源资产使用者以企业法人治理结构为主形成的内部监督子系统。

外部监督由以国家所有者监督为核心和以行政监督、社会监督和舆论监督为主体组成的外部监督子系统。

(1) 内部监督

公司制的法人治理结构有三层监督关系：一是股东会对董事会的直接监督，通过对董事会的选举任命与解职审查，批准与否定董事会有关公司利润分配、资产变动、公司章程修改等权力的行使；二是由股东会选举任命与解职审查的监事会代表股东的利益，监督董事会和经理层的经营行为；三是股东会通过董事会对经理层（包括财务总监或财务会计主管）的聘用和解聘，间接监督经理层。因此，在企业内部，出资者即股东的监督最为关键。当然，在公司内部实施监督还包括多方股东的相互制约。

（2）外部监督

外部监督包括以下两种：

① 所有者的监督。国家行使所有者职能，对海域资源资产市场交易进行监督管理。其监督职能有：根据有关的法律法规，制定相应的规章制度，促进海域资源资产市场交易活动运作规范化、制度化；审查批准有关海域资源资产市场交易的重大事项；对重大市场交易项目等进行跟踪调查。

② 以海域资源资产管理部门、工商、税务等构成的政府行政监督系统的监督。政府依据国家行政权力，实施财政、税务、工商、统计、监察等公共管理监督。这种监督的特点，体现了以外部监督为主，也就是说必须与使用者没有利益关系，即由政府派出，对国有资产出资者负责的人来行使监督职能。

除了上面提到的监督之外，社会监督、司法监督和舆论监督在海域资源资产市场管理监督体系中也具有重要的积极意义。司法监督可防范代理人的犯罪风险，社会舆论监督可防范代理人的道德风险等。这些公共性质的监督，都能为所有者提供代理人是否正当交易海域资源资产的信息，帮助海域资源资产所有权主体全方位地维护好海域资源资产所有者的合法权益。

8.3 海域资源资产市场运行保障措施

海域资源资产市场的建设是推进海域资源市场化配置，充分发挥市场在资源配置中的决定性作用，提高海域开发利用的效率和公平，实现海域资源有序流转的重要前提。为保证我国海域资源资产市场的运行，还应做好以下几方面基本工作：

1. 完善制度

要进一步完善对海域资源资产的确权登记，形成归属清晰、权责明确、监管有效的海域资源资产产权制度。海域资源资产确权登记就是在承认国家所有者的前提下，明确海域资源资产的占有权、使用权、收益权等权力如何在国家和使用者之间进行划分，即明确国家究竟按什么权限将海域资源资产使用权下放给使用者。这种权限一经确定，应由国家所有者代表部门进行确权、登记，并向使用者颁发证书。这样，可以切实保障使用者的合法权益，促进海洋资源资产合理开发利用，提高其利用效率。

2. 确定价格体系

海域资源资产市场运行的基础是海域资源资产价格的科学合理确定，应依据海域资源资产的价值类型，确立海域价格体系，并建立科学的估价制度和估价运作程序。但目前，我国海域评估行业起步不久，尚处于发展时期。前期虽然已经有相关技术人员对海域评估的理论和方法进行了研究，但是理论研究相对薄弱，某些评估方法并未突出海域评估的特性，有些甚至只是其他资产评估方法的挪用和照搬照抄。此外，目前海域评估行业内部处于自由状态，也没有专门的技术规范、行业标准作为海域评估行为反腐倡廉、防治权利滥用的可靠保证。

因此，首先应当尽快出台海域价格评估相关管理办法，对海域价格评估机构以及评估人员的条件和要求作出规定，明确海域价格评估行业的入门条件；其次应当建立一整套海域价格评估技术标准，包括对评估方法、评估程序等相关内容作出规定；再次应当制定并逐步完善海域价格评估机构以及评估人员的资质、资格以及考试等一系列的配套制度。

3. 建立海域资源资产流转交易统一平台

2011年，中央办22号文件明确各省市县乡均要建立公共资源市场交易平台。市场化交易平台应纳入公共资源交易中心进行交易，以有利于实施监督，构建完整的监督体系框架。作为一种公共资源交易平台，海域资源资产交易平台是负责海域资源资产交易和提供咨询、服务的机构，是海域资源资产统一进场交易的服务平台。

建立海域资源资产流转交易统一平台对于提高我国海域资源资产管理的效率以及促进海域资源资产市场的健康成熟发展都有着重要的作用：一是将政府的行政职能与市场交易隔离，避免了政府部门经商这一尴尬局面；二是实现了让权力退出市场的目的，堵住了场外交易暗箱操作的缺口；三是扩大了交易的空间范围，避免了区位限制；四是将公共资源推向市场，进一步扩大了公共资源的使用主体，也有利于实现对公共资源的保护；五是省掉了一些不必要的环节，有效提高了工作效率。因此，应当明确海域资源资产流转交易平台的职能和作用，确定平台的业务范围。

同时，对于海域资源资产流转的登记工作也可以通过平台来完成并及时对外进行公示。除此之外，海域资源资产流转交易平台还应该对相关海域市场的发展和现况以及相关海域开发活动及时地进行调查和信息收集，对有关文件和资料及时进行备案，为海域市场的进一步发展和相关理论研究提供参考。

第9章

海域资源资产价格评估

9.1 海域资源资产价格评估内涵

9.1.1 海域资源资产价格评估的定义

海域资源资产价格评估是市场经济条件下客观存在的经济行为，是根据特定的目的，遵循适用原则，依照既定程序，选择适当的方法，对海域资源资产价格进行评定和估算的行为。

9.1.2 海域资源资产价格评估的作用

海域资源资产价格评估的作用有以下几点：

(1) 为国民经济各相关部门、单位提供海域资源资产价格的基本标准。

(2) 为海域资源资产抵押、保险、转让提供权威性的价格依据。

(3) 为市场的交易活动提供公平合理的定价基础。

(4) 是保障海域资源资产经济纠纷当事人合法权益的重要条件。

9.2 海域资源资产基准价格评估

9.2.1 海域资源资产基准价格评估内涵

海域资源资产基准价格是反映在正常经营条件及特定利用类型下，各级别海域资源资产或均质海域资源资产的价位的标准指导价格。海域资源资产基准价格作为海域资源资产价格体系的最高层次，发挥着对海域资源资产经营的指导、调控作用。

9.2.2 海域资源资产基准价格评估方法

由于收益的不同，导致不同区位、不同类型的海域资源资产其开发价值是不一样的。因此，可以通过收益还原法评估海域资源资产基准价格。

收益还原法的理论依据是海域资源资产的预期收益原理。在通常情况下，人们使用某海域资源资产的目的是在正常情况下获得该海域资源资产的收益，并期望在未来若干年间也可以源源不断地获得该收益。将这种在未来所获得的纯收益以某一适当的还原利率贴现到评估时日得到一个货币总额（现值），这个货币总额存入银行，也能源源不断地带来与这个收益等量的收入。这一货币额就是海域资源资产的理论价格。具体做法是首先测算个别海域资源资产的价格，即样点基准价格；然后通过算术平均数的方法求得若干个样点基准价的平均值即为海域资源资产基准价格。

运用收益还原法进行海域资源资产基准价格评估时，关键是要确定被评估海域资源资产的预期收益额、收益期限和适用的折现率。

1. 评估公式

设某海域资源资产基准价为 P_e，则

$$P_e=\frac{a_1}{1+r_1}+\frac{a_2}{(1+r_1)(1+r_2)}+\cdots+\frac{a_n}{(1+r_1)(1+r_2)\cdots(1+r_n)}$$

式中，$a_1,a_2,\cdots,a_n$ 为海域资源资产在某一用途下逐年收益；$r_1,r_2,\cdots,r_n$ 为各年折现率；n 为海域资源资产使用年限。

假设折现率不变，各年收益分别为 a_i，则

$$P_e=\sum_{i+1}^{n}\frac{a_i}{(1+r)^i}$$

假设折现率、收益都不变，则

$$P_e=\frac{a}{r}\left[1-\frac{1}{(1+r)^n}\right]$$

2. 样本海域资源资产收益测算

测算样本海域资源资产收益，可采取生产要素贡献分配法、海域资源资产投资利息补偿法等。

(1) 生产要素贡献分配法

生产要素贡献分配法的基本原理是从海域资源资产使

用的总收入中扣除各生产要素的补偿费用和非海域资源资产收入后的余额，作为样本海域资源资产收益。

经营性海洋企业的海域资源资产收益测算：

$$I_e = R_m - C_m - I_f$$

式中，I_e 为样本海域资源资产收益；R_m 为样本海域资源资产经营总收入(包括年租金、押金收入、经营年收入等)；C_m 为样本海域资源资产经营总费用(包括销售成本、销售费用、经营管理费、租金、财务费用等)；I_f 为样本海域资源资产外的其他资产收入(包括自有资产折旧、利润、贷款利息、土地使用费等)。

生产性海洋企业的海域资源资产收益测算：

$$I_e = R_p - C_p - I_f$$

式中，I_e 为样本海域资源资产收益；R_p 为样本海域资源资产生产总产品(可采用总产值、净产值、增加值等)；C_p 为样本海域资源资产生产费用(包括原材料费、劳动者报酬、运输费、产品销售费、税金管理费、财务费等)；I_f 为样本海域资源资产外的其他资产收入(包括自有资产折旧、利润、贷款利息、土地使用费等)。

在计算生产性海洋企业的海域资源资产收益时，需注意生产费用的扣除项目与总产品指标的对应关系。

(2) 海域资源资产投资利息补偿法的运用

海域资源资产投资利息补偿法的基本原理是在测算海

域资源资产的收益时要考虑投资引起的增值。在海域资源资产的使用中,使用者在海域资源资产时追加投资,其中的一部分固定资本附着于海域资源资产之后,也会引起海域资源资产使用效益的提高,从而带来使用权价格的上涨。根据这一原理,即可对开发后的海域资源资产收益进行计算,公式为:

$$I_e = I_0 + r \cdot \rho \cdot k / A$$

式中,I_e 为开发后样本单位面积海域资源资产的收益[元/(公顷·年)或元/(亩·年)];I_0 为开发前海域资源资产(或相邻未开发海域资源资产)的使用权价格水平[元/(公顷·年)或元/(亩·年)];r 为折现率;ρ 为在样本海域资源资产上的固定资产占使用者总固定资产的比例(%);k 为使用者固定资产总额(元);A 为样本海域资源资产面积(公顷或亩)。

在运用上式时应注意,对海域资源资产的投资必须是能带来海域资源资产经济效益提高的有效投资。

3. 收益资料的调查、分析和整理

为评估海域资源资产基准价格,应在收集、利用海域资源资产分类定级成果以及影响海域资源资产收益的各要素基本资料基础上,把重点放在用海企业经营效益资料的调查和分析上。在对样本海域资源资产收益测算时,应根据标准化处理收入、费用的值,其中,资产、劳动力定额计算公式如下：

（1）企业标准资本额的计算公式

$$C_o=C_e\cdot K_i\cdot K_{is}$$

式中，C_o 为企业在标准情况下应投入的资本额；C_e 为企业实际资本额；K_i 为行业资本效益折算系数；K_{is} 为行业资本规模效益折算系数。

首先，企业资本数标准化，公式为：

$$K_i=\frac{C_{rn}}{C_r}$$

式中，K_i 为行业资本效益折算系数；C_{rn} 为某行业全国平均资产利润率；C_r 为该用海类型的标准行业全国平均资产利润率。

其次，对资本效益作规模效益处理，公式为：

$$K_{is}=\frac{C_{rs}}{C_{r\cdot\max}}$$

式中，K_{is} 为行业资本规模效益折算系数；C_{rs} 为某行业某一规模下，平均资产利润率；$C_{r\cdot\max}$ 为某行业最佳规模下平均资产利润率。

（2）企业合理用工量的计算公式

$$L_0=L_e\cdot K_i$$

式中，L_0 为企业在标准情况下应投入劳动力；L_e 为企业实际投入劳动量；K_i 为行业劳动力折算系数。

为将企业使用劳动力数标准化，采用公式：

$$K_i = L_{ps} / L_{pe}$$

式中，K_i 为行业劳动力折算系数；L_{ps} 为某种技术条件下单位生产规模应有劳动力数；L_{pe} 为企业实际单位生产规模占有劳动力数。

4. 样本海域资源资产使用年期调整

对于样本海域资源资产，若各自使用年期不一样，就需要将其使用期限统一为法定各用海类型的最高期限[①]，然后再求取各样点海域资源资产基准价的平均值作为基准价格。

设各样本海域资源资产确权使用年期为 n，基准价为 P_e，法定最高使用年期为 N，折算为最高使用年期后的基准价为 P_{es}，纯收益 a，当折现率 r 不变时：

$$P_{es} = P_e \cdot \frac{1-\frac{1}{(1+r)^N}}{1-\frac{1}{(1+r)^n}} = \frac{P_e}{(1+r)^{N-n}}\left[\frac{(1+r)^N-1}{(1+r)^n-1}\right]$$

利用样本海域资源资产统一为法定最高使用年期的基准价，可进行海域资源资产基准价格的评估，公式如下：

---

① 根据《中华人民共和国海域使用管理法》的相关规定，不同用海类型享有不同的最高使用期限。

$$p = \frac{\sum P_{es}}{n_e}$$

式中，P 为海域资源资产基准价；n_e 为样本数量。

9.3 宗海价格评估

9.3.1 宗海价格的定义和作用

1. 宗海价格的定义

凡被权属界限所封闭的一个用海单元或者虽属同一权属单位但划为不同使用类型的各个用海单元，均称为宗海。

宗海价格指沿海市县管辖的海域资源资产内某一宗海在某一时点的有偿使用标准和市场供求状况下海域资源资产的价格，是针对需要确权或交易的具体海域资源资产的价格。

2. 宗海价格的特性

(1) 个案性

宗海价格不同于针对大面积海域资源资产类型和级别评估的基准价格，它是以各类各级海域资源资产基准价格等为依据，并考虑宗海周边环境、相邻陆域社会经济发展水平、宗海自身特殊的自然条件、生产力水平、使用方式、出让率等实际情况进行的个案评估。根据评估目的的不同，如申请使用权、拍卖、招标、转让、抵押、清产核资、企业改制等，评估要求和结果也不一致。

(2) 时效性

宗海价格只反映某一时点宗海价格水平，且只在一定的时段内发挥其效用。随着海域资源资产市场状况的变化，海域资源资产周边自然社会经济条件和宗海自身资源、环境状况的变化，海域资源资产收益和价格也相应变化。

（3）多功效性

宗海价格是海域资源资产人和欲取得海域资源资产者为实现公正、公平的海域资源资产交易的参考价格。在涉海企业的改制、合资、合作经营活动中，它可为确定各方合法权益提供重要依据。

（4）科学性和艺术性

宗海价格的评估必须以科学的海域资源资产经济、环境评价理论为基础，遵循科学的评估路线，依据海洋功能区划所确定的最佳使用方式，正确反映海域资源资产使用的客观收益和客观价格。同时，宗海使用权价格作为一种评估价格，其价位的确定又反映着评估机构和评估人员的经验、技巧和价值观取向。

9.3.2 宗海价格评估方法

宗海价格评估可采用多种评估方法，但考虑到当前我国海域资源资产市场发育较低，可采用基准价格修正法评估宗海价格。同时在市场发育较成熟的海区，采用市场比较法，在企业经营资料充足的海区，采用收益法、成本法等方法。本节着重介绍基准价格修正法、市场比较法与补偿价格法。

1. 基准价格修正法

（1）基本原理

基准价格修正法是以不同使用类型各级别海域资源资

产的基准价格为基础，利用各类各级用海分因素优劣度评判标准表和对应的修正系数表，对待估宗海的区域因素和个别因素作综合分析，判断宗海价格相对于基准价格的修正幅度，从而确定单个宗海价格的方法。

基准价格修正法是在海域资源资产分类定级和基准价格评估工作完成的基础上，可采用快速、经济的宗海评估方法，理论依据是海域资源资产的区位差异理论，基本思路与分类定级近似，但用于微观区域差异的分析，对影响价格因素的评判无需面面俱到，应突出主导因素的评判。

基准价格修正法评估的精度取决于对宗海价格影响因素分析的深度以及对修正体系，包括分因素优劣度评判标准和修正系数表、设计的完善度和精确度。

(2) 评估程序与方法

① 收集整理待估宗海自身和周边海域资源资产、所在市县自然、社会、经济资料包括待估宗海的位置、四至、面积、用途、使用方式、使用单位、使用权取得方式、所在市县海域资源资产级别、基准价格、各种因素的指标值。

② 进行因素优劣度评判。收集待估宗海所在市县所制定的关于海域资源资产优劣度评判标准和修正系数表，作为评判依据。若该市县未制定评判标准和修正系数，宗海评估机构和评估人员也可通过对诸因素与宗海使用权价格相关关系的研究，自定因素优劣度评判标准和修正系数。同时，将掌握的宗海各因素与评判标准逐项对照，即可确定各因素

影响的正负方向。

③ 确定宗海价格总修正幅度。在确定各因素修正系数后，将各因素修正系数累加，即可计算出某宗海使用权价格的总修正幅度。采用公式：

$$K = \sum_{i=1}^{n} k_i$$

式中，K 为某宗海价格总修正幅度（±%）；k_i 为宗海第 i 个因素的修正系数值；n 为影响宗海价格的因素。

④ 确定宗海使用年期修正系数。年期修正系数公式为：

$$y=\frac{1-\frac{1}{(n+r)^n}}{1-\frac{1}{(1+r)^N}}$$

式中：y 为宗海价格使用年期修正系数；n 为宗海实际使用年限；N 为该类用海法定最高使用年期（当基准价海域资源资产使用年期调整为最高年期时）；r 为折现率。

⑤ 确定期日修正系数。考虑到基准价格制定后，海域资源资产价格水平随时间推移会发生相应变化，在进行宗海价格评估时，需对基准价格作期日修正，公式为：

$$T=\frac{P_{st}}{P_s}$$

式中，T 为期日修正系数；P_s 为宗海所在区片海域资源资产的基准价格；P_{st} 为与基准价格对应的区片海域资源资产在宗海评估年海域资源资产价格的平均水平。

⑥ 交易条件修正系数。基准价格主要反映各类各级海域资源资产在正常取得海域资源资产情况下，海域资源资产价格的平均水平。随着海域资源资产市场发展，宗海的市场交易形式将趋于多元化，除一般的申请审批取得方式外，还将出现拍卖、招标等市场化交易方式；除一级市场的出让方式外，还会出现转让、转租等二、三级市场交易以及抵押、典当、诉讼、改制等各种形式的海域资源资产流通，相应地会出现各种目的的宗海价格评估。因此在对不同目的宗海格评估时，须采用不同的交易条件修正系数。计算公式为：

$$m=\frac{P_{sc}}{P_s}$$

式中，m 为交易条件修正系数；P_s 为宗海所在区片海域资源资产的基准价格；P_{sc} 为与基准价格对应的区片海域资源资产中与评估宗海相同交易条件使用权价格平均水平。

⑦ 确定待估宗海价格。根据上述各项修正系数，对基准价格进行修正，可对宗海价格进行评估，公式为：

$$P_e=P_s\cdot(1\pm k)\cdot y\cdot T\cdot m$$

式中，P_e 为宗海评估价格，P_s 为宗海所在海域资源资产的基准价格。

(3) 修正体系建立

运用基准价格修正法评估宗海价格时，需建立海域资源资产基准价格修正体系，以便应用基准价格修正体系评估具体宗海价格。

根据海洋资源资产价格影响因素的相关分析，影响海域资源资产价格的因素大致包括三大类，分别是一般因素、区域因素和个别因素。一般因素指影响海域资源资产价格水平的自然、社会、经济和行政等一般性宏观因素，主要包括地理位置、人口、行政区划、城镇发展状况、社会经济发展状况等。一般因素的影响已在基准价格水平中得到体现。因此，海域资源资产基准价格修正因素应主要选取影响宗海价格的区域因素和个别因素。

区域因素是指宗海所在区域与海域资源资产相关的如交通条件、基础设施完善度、环境条件等影响海域资源资产使用的因素，海域资源资产使用是以所在区域为腹地，区域的发展关系到海域资源资产发展的效益，从大的背景影响了海域资源资产利用的前景和水平，区域因素是海域资源资产基准价格修正体系中重要的影响因子。

个别因素包括宗海自身的条件、开发程度、面积、使用年期限制等。

（4）方法应用说明

采用基准价格修正体系进行宗海价格修正时，需要将宗海放在区域中进行考虑。海域资源资产的使用是与社会经济密切相关的，有些条件单独考虑时可能较优，但在区域背景下可能转变成限制条件。

对修正得到的宗海使用权价格应与其区位条件、海域资源资产基准价格等进行比较，观察其合理性，必要时适当调整修正因素或修正系数。

海域资源资产基准价格是动态变化的，修正体系也应不断完善，再加上海域资源资产基准价格常有一定政策指导性，与实际市场价格存在一定差距，因此运用该方法时，要随时注意修正体系能否修正到位，适时进行调整完善。

2. 市场比较法

(1) 基本原理

市场比较法是寻求与待估海域资源资产类似的交易案例，将该实例的区位、环境条件、交易时间、个别因素等与待估宗海作比较，评估待估宗海价格的方法。

市场比较法要求有充足的海域资源资产交易案例，而且交易案例与评估宗海有相关性和替代性，资料来源可靠，多采用实例比较，综合确定宗海价格。

(2) 评估程序和做法

① 收集资料、选择适当交易案例。

资料收集可以从海域资源资产主管部门、海洋产业管理部门、交易当事人、金融机构、税务机构等处收集，包括宗海位置、面积、经纬线、用途、与海岸距离、底质、水深、成交时间、双方当事人、周边条件、使用年期、交易条件、评估目的、评估价格等。

比较实例应选择与待估宗海评估日期最接近、条件基本一致、属于同一市县或邻近海域资源资产的正常交易实例。

② 交易情况的修正。

交易情况的修正是指对所选的交易实例的交易状况进行分析，选择交易方式相近的案例，提出特殊情况对交易价格的影响(如：有无特殊利害关系、有无特殊动机、双方对交易行情的了解状况等)，以掌握正确情况下海域资源资产交易价格。

③ 期日修正。

由于比较案例与待估宗海的交易时间不同，在宗海评估时需消除交易日期差异对价格的影响。在海域资源资产主管部门已发布海域资源资产价格指数的情况下，可利用价格指数将比较案例的交易价格修正为估价期日的价格。采用公式：

$$P_d = P_h \cdot \frac{I_d}{I_h}$$

式中，P_d 为修正为评估期日的价格；P_h 为比较案例交易时价格；I_d 为宗海评估期日的价格指数；I_h 为比较案例交易期日的价格指数。

④ 个别因素修正。

由于比较案例与待估宗海在区位、面积、使用年限、使用方式等方面存在差异，可将比较案例的海域资源资产条件与评估宗海逐项比较打分，求得因素修正比例。

⑤ 确定宗海价格。

采用市场比较法应选择 3 个以上比较案例，经过上述各种条件修正后，将比较案例修正后的试算价格进行具体分析，根据实际情况，可选用各类案例试算价格的算术平均值或加权平均值，或以某个实例试算价格为主，最终评定宗海的价格。

3. 补偿价格法

(1) 基本原理

补偿价格法属于成本法的一种，是以开发前海域资源资产价格和开发后追加费用总和为依据，确定开发后海域资源资产价格的方法。适用于新开发海域资源资产估价，对于新开发尚难了解收益的滨海旅游、港口航运、修造船等用海均可采用此方法。

在采用该方法时应注意：当海域资源资产已出让给某单位后，该单位为改善海域资源资产状况对海域资源资产追加了投资，对追加投资的补偿仅限于为提高海域资源资产效益必要的投入，通常是指在海域资源资产经营、生产过程中未能消耗，附着于海域资源资产较持久发挥作用的固定资产。

(2) 评估程序和方法

① 收集资料，了解海域资源资产开发前的原海域资源资产收益和价格。

② 计算对海域资源资产开发维护追加的费用，如筑防波堤、防浪板、引堤，疏浚航道、港池，建设鱼礁、海洋预警设施

等所需费用。并应具体分析海域资源资产开发的社会必要费用，以及投资发挥效用的年限。

③ 计算海域资源资产开发的合理利润、预付资本的利息。

④ 确定宗海价格，采用公式：

$$P_e = P_{e0} + D + R + I + C$$

式中，P_e 为开发后海域资源资产价格；P_{e0} 为开发前海域资源资产初始价格；D 为海域资源资产开发费用；R 为海域资源资产开发合理利润；I 为开发贷款利息；C 为海域资源资产增值收益，指在海域资源资产开发利用过程中或交易过程中发生的海域资源资产价格的上升和超额利润的增加。

9.4　海洋人为灾害损失经济评估

海洋人为灾害会造成海域资源资产使用、海洋生物及海洋生态环境等方面的损失，本节将对前两方面进行详细论述。

9.4.1　海域资源资产使用价值损失评估

海域资源资产的使用价值评估就是根据灾害（如溢油）的程度与特性，确定出已经和将要受到损害的海域资源资产及损害程度，计算该海域资源资产在功能用途上的损失价值。海洋功能区划可以是评估海域资源资产使用价值损失的重要参考依据。

如果损害影响到港口航运区，无论港口方还是船舶方都可能由于不能正常利用航运区的使用价值而受到损失；在海水资源利用区则可能影响盐业的生产、工业用水等。另外，矿产资源利用区、海洋能利用区等均可能会受到影响。在这些功能区中人为灾害可能导致机器设备受污染，需从其他海域调水使用，导致一段时期停产或整修。这些损失可以采用市场法评估计算，比较直接、简单。公式如下：

$$L_1 = p\Delta Q$$

$$L_2 = \Delta pQ$$

式中，L_1 和 L_2 表示价值损失；p 和 Δp 表示产品单价和成本的变化；Q 和 ΔpQ 表示产量和产量的变化。

此外，机会成本法也是经常被采用的评估方法之一，它指对于有限的资源，选择了这种使用机会就放弃了另一种使用机会，把其他使用方案中获得的最大经济效益作为该资源的机会成本。如船舶因污染而改变航行或滞留，那么在没有污染的情况下，这段时间该船正常运行可能获得的最大盈利就是该船这段时间的机会成本。

旅游区的使用价值涉及美学、娱乐价格等指标。其损失可以采用旅行费用法等方法进行评估。

9.4.2 生物资源价值损失评估

海域生物资源价值的损失评估是针对灾害覆盖海域资源资产的资源特点，估算人为污染等对生物资源破坏造成的损失情况，包括渔业捕捞损失、水产养殖业损失和其他生物资源的损失。

1. 渔业捕捞损失的经济评估

渔业捕捞损失是从灾害事故发生到环境完全恢复这段时间的经济损失。按照市场价格计算某一经济鱼种的损失为：

$$L_3=(p-c_v)\Delta Q$$

式中，ΔQ 为捕捞量的变化（减少）；c_v 为单位产品的成本；p 为单位产品的市场价格，其值的确定需要考虑捕捞条件和季节、市场供求关系等因素，通常采用近几年的平均值或是通过价格曲线的大致走向来确定。

2. 水产养殖业损失的经济评估

养殖业的损失不仅包括当年养殖的水产品的损失，还包括因养殖水域损害而导致的未来几年产量的减少。其评估方法与渔业捕捞损失的评估方法类似。损失量是用水产品的平均交易价格乘以当年及未来年份的减产量，再减去收获费用。

3. 其他生物资源的损失

灾害的发生对海洋生态系统中食物链上的各级生物都可能有着不同程度的危害，而且在很长一段时间内都不能完全消除影响。因此，人为灾害对生物资源的损失评估通常分为短期损失和长期损失两部分。

首先，短期损失主要针对的海洋生物包括鱼类、水生无脊椎动物、海鸟和海洋哺乳动物及没有直接经济价值的生物群体。受溢油等危害的海鸟和海洋哺乳动物的死亡数目可以简单表示为：

$$n_d = S_m n_{or} p$$

式中，n_d 为死亡数目；S_m 为污染面积，应包括涉及的海岸部分，可以通过物理归宿模型计算得到；n_{or} 为单位面积的受害数量，按种类分别计算；p 为死亡率。通常情况下，海鸟和海洋哺乳动物受危害的程度与它们捕食和筑巢的习性有很大关系，因而不同种类的动物死亡率也会有所不同，具体数值可以由相关数据库提供。

由于鱼类和一些无脊椎动物对溢油等危害具有一定的趋避性，因此溢油对它们的影响是有限的。它们的死亡主要是由于这些生物体暴露于污染物当中，其生物量的损失是溢油浓度、面积和暴露时间的函数。不考虑由食物链传递导致有毒物质在生物体内累积的致死情况，可用类似海鸟和海洋哺乳动物的方法，根据相关数据库提供的死亡率计算损失的生物量。

没有直接经济价值的生物群体主要指海洋中的各种植物、浮游动物、底栖生物等，根据相关数据库提供的原有生态系统中各级生物的相关联系及生物量等数据，这部分经济损失可以通过简单的食物链模型计算得到。

其次，长期损失是动物的幼体或成体失去长大成熟的能力或不能继续生长，通常只计算一个生命周期。需要考虑不同种类的生物年龄结构、个体数量和平均重量等，与以往数据或未被损害的相似海区相比来估算灾害造成的生物量的损失。

9.5 海洋生态环境价值损失评估

9.5.1 海洋生态环境价值损失评估概述

海洋生态环境价值的损失主要指由于安全生产事故、交通事故、违法排污、开发与施工、自然灾害等原因造成的海洋生态环境质量下降、海洋生态环境受损等损失。这一部分价值损失的经济评估方法主要有生产率法、隐含价格法、旅行费用法、恢复费用法、重置成本法、人力资本和疾病成本法、条件价值法、等价分析法等，下面详细介绍等价分析法的使用。

9.5.2 海洋生态环境价值损失评估——等价分析法

1. 方法概述

海洋环境发生损害，从经济学上看意味着环境服务发生了不利变化，经济评估就是量化这一不利变化的价值。环境服务水平是随时间动态变化的，由于自然或人工恢复的滞后，在损害发生后至环境恢复到基准水平前，必然存在着环境的实际损害。等价分析法(EAM)即依这种动态性特征，通过真实或虚拟生态补偿活动提供额外的类质服务来等价计算所发生的实际损害的大小。

2. 评估步骤

价值损失评估步骤为：

(1) 识别受损生态环境及其主要的服务功能。

(2) 确定补偿性修复采用的方法和使用的生态环境类型，确保该补偿性生态环境与原受损生态环境的服务是可以比较和替换的。

(3) 选择合适的度量单位，作为生态服务水平的表征。

(4) 计算“负债”的大小，即受损生态环境损失的服务和价值。

(5) 计算“信用”的大小，即补偿生态环境提供的服务和价值。

(6) 建立“负债”和“信用”的等式，计算补偿生态环境的大小以及相应的价值，则此价值即为损失值。

3. *方法运用*

以下用某海域发生突发性水体污染事故为例，进行等价分析法的使用分析。

(1) 初始条件的设定

① 识别受损生态环境。以受污染海域长度为 20 千米，平均宽度 200 米计，水域面积为 400 公顷；发生损害的时间为 2003—2005 年。检测结果显示，突发污染期间受污染水体浮游生物多样性指数明显低于对照区域，密度水平下降约 50%。浮游生物多样性是水生生态系统稳定的重要指标。一般来说，以浮游生物密度水平作为受污染区域生态环境服务水平的表征。

② 选择补偿生态环境。在污染区域岸边选取某区域建设浅水人工湖，利用人工湖提供的生态环境服务进行生态补偿。假定补偿生态环境开始发挥服务功能的时间是 2009 年，2013 年服务达到最大水平，补偿服务时间无期限。根据

已有的研究资料，湖泊和海域单位面积生态服务价值相等，则补偿生境与受损生境的最大服务水平比例为 1∶1。

③ 确定度量单位。选择一个可以表征服务水平的度量是等价分析法的关键点之一。受损地点的生态学属性，比如生态环境面积、鱼类密度等，都可作为生态服务水平的表征。其中最常用的是面积-时间的度量。这里采用公顷-年作为度量单位。

④ 建立基本假设。损害计算中，对计算参数做一定假设如下。

假设一：受损生态环境自然恢复和补偿生态环境的服务增长阶段，生态环境服务水平随时间线性变化；

假设二：生态环境服务基准水平恒定于 100%，无动态变化；

假设三：评估研究的时间段内，生态环境服务水平除本次污染外，不受其他因素影响。

初始条件详细情况见表 9－1。

表 9－1　生态环境价值损失评估初始条件

初始条件	取值	初始条件	取值
受损生境面积	400(公顷)	补偿生境类型	人工湖
损害发生时间	2003 年	补偿服务开始时间	2009 年
初始受损服务水平	50%	达到最大服务水平时间	2013 年
自然恢复开始时间	2003 年	初始补偿服务水平	0%
自然恢复完成时间	2005 年	最大补偿服务水平	100%
年贴现率	3%	基准时间点	2008 年

（2）补偿生态环境量计算

① 计算负债水平，即受损的生态环境服务水平：

$$\sum_{t=0}^{B}\rho_t \cdot \frac{(b^j - x_t^j)}{b^j} = 83.59\%$$

② 计算信用水平，即补偿的生态环境服务水平：

$$\sum_{t=1}^{L}\rho_t \cdot \frac{(x_t^p - b^p)}{b^j} = 3\ 097.58\%$$

③ 建立负债和信用的等式，计算所需的补偿生态环境量：

$$P = J \cdot \frac{\left[\sum_{t=0}^{B}\rho_t \cdot \frac{(b^j - x_t^j)}{b^j}\right]}{\left[\sum_{t=1}^{L}\rho_t \cdot \frac{(x_t^p - b^p)}{b^j}\right]} = 10.79\ \text{ha}$$

式中，ρ_t 为累计贴现率，即 $1/(1+r)^{(t-c)}$，其中 c 为所着眼的基准时间，t 为所计算的目标时间，r 为贴现率；t_0 为生态环境损害发生时间；t_B 为生态环境损害恢复到基准水平（完全恢复常）的时间；t_1 为补偿生态环境开始发挥服务功能的时间；t_L 为补偿生态环境服务达到正常水平的时间；b^j 为生态环境损害前的基准水平；b^p 为补偿生态环境开始发挥服务功能的起始服水平；x_t^j 为 j 年末损害生态环境所能提供的服务水平；x_t^p 为 p 年末补偿生态环境所能提供的服务水平；j 为环境服务损害的量；p 为补偿生态环境量。

(3) 损失的经济价值量计算

根据已有的研究资料，用湖泊的生态环境价值来代替则为10.02元/平方米；若以工程造价计算，则工程成本为10元/平方米。

表9-2 生态环境价值损失评估结果

	单 位	线性关系
损害生态环境面积	公顷	400
损失生态环境服务水平(负债)	%	83.59
补偿生态环境服务水平(信用)	%	3 097.5
补偿生态环境面积	公顷	10.79
湿地生态环境价值	元	1 080 809
土方工程成本	元	1 079 000
平均值	元	1 079 094

根据上文分析，工程成本小于用生态价值计算得到的损失，可以作为生态环境损失的最低估计；而通过湿地生态环境价值计算得到的损害，可以作为生态环境损失的最高估计。采用线性关系情景的计算结果，则该突发海域污染损害造成的生态损失介于107.9万元与108.1万元之间(表9-2)，平均值为108万元。

9.5.3 海洋生态环境价值损失评估注意事项

第一，虽然等价分析法考虑了海洋生态环境价值损失中的动态性问题，补偿计划可以是真实的也可以是虚拟的，在海洋生态环境价值损失经济评估中具有很大的优势，计算结果也能指导生态补偿的开展，但严格来说等价分析法并非在所有情况下都能够发挥其效力，当对海洋生态环境的修复不可行或不合适时使用才能达到令人满意的效果。

同时，在海洋生态环境价值损失事件中，受损生态环境的恢复时长、恢复后能够达到的最大生态服务水平和贴现率的选择对损害评估结果影响十分显著，所以在损害事件发生后尽快恢复受损海洋生态环境至正常状态，可以减少实际损害；生态环境服务变化关系和补偿生态环境能达到的最大服务水平对结果也有较明显影响。

第二，海洋生态环境价值损失评估技术的主要问题是存在较大的不确定性，在实践中，对于同一类损失采用不同方法进行评估，结果往往存在较大的差异。

因此，针对生态环境价值损失评估难度大、很多方法实际应用难度较大等问题，国际上目前主要采用基于实物量修复的方法——恢复费用法——进行生态环境价值损失评估。

第10章 海域资源资产经营核算

10.1　海域资源资产经营核算内涵

海域资源资产经营核算，就是通过会计学、经济学和跨学科的方法对海域资源资产经营涉及的各个环节中的成本和收益进行确认、计量、记录和报告，以向相关决策者提供有用的会计信息。因此，建立海域资源资产经营会计核算制度是进行海域资源资产经营核算的重要基础，它对有效实施海域资源资产经营核算起到重要的促进作用。

10.2 海域资源资产经营核算会计科目

10.2.1 会计科目

1. 会计科目的含义与分类

会计科目是对会计核算的具体对象进行科学分类的项目。通过对会计核算各种具体对象的分析、比较，同时结合考虑经济管理的要求，对会计核算具体对象进行分类，对每一类别，根据其内容特征取一个名称，即是会计科目。比如工业企业有各种机器设备、厂房、建筑物，这些东西有一个共性，就是劳动资料；它们与生产产品所耗用的材料不同，材料是劳动对象的性质。因此，厂房、机器、设备与备用的各种材料就不能归为一类，两者必须分开。把机器设备、厂房等归为一类，根据其特点取名为“固定资产”。企业的各种材料，虽然具体品种、形态各式各样，千姿百态，但其共性都是劳动对象。因此，把它们归为一类，根据其特点，取名为“材料”。同时，对于工业企业的资金来源，有的是投资者投资形成的，有的是企业负债形成的。为了核算国家、法人、个人及外商等投资者实际投入的资本，设置“实收资本”科目；股份制企业为了核算股东投入的资本，应设置“股本”科目；企业欠的债务形式多样，为了核算企业的债务，设置“短期借款”和“长期借款”科目；为了核算企业应交税务部门的税款，设置“应交税金”科目等。

会计科目可以按照多种标准进行分类，按会计要素对会计科目进行分类是其基本分类之一。如我国自1993年7月1日起执行的《工业企业会计制度》将会计科目分为资产类科目、负债类科目、共同类科目、所有者权益类科目、成本类科目和损益类科目计六大类。

会计科目按其所提供信息的详细程度及其统计关系不同，还可以分为总分类科目和明细分类科目。前者是对会计要素具体内容进行总括分类，提供总括信息的会计科目，如"应收账款""原材料"等科目；后者是对总分类科目作进一步分类、提供更详细更具体会计信息科目，如"应收账款"科目按债务人名称设置明细科目，反映应收账款具体对象。

2. 会计科目设置原则

会计科目作为向投资者、债权人、企业经营管理者等提供会计信息的重要手段，在其设置过程中应努力做到科学、合理、适用，应遵循下列原则：

(1) 合法性原则

合法性原则，是指所设置的会计科目应当符合国家统一的会计制度。我国现行的会计制度对企业设置的会计科目作出了规定，以保证不同企业对外提供的会计信息的可比性。企业应当参照会计制度中统一规定的会计科目，根据自身的实际情况设置会计科目，但其设置的会计科目不得违反现行会计制度的规定。对于国家统一会计制度规定的会计科目，企业可以根据自身的生产经营特点，在不影响统一会计核算要求以及对外提供统一的财务报表的前提下，自行增设、减少或合并某些会计科目。

（2）相关性原则

相关性原则，要求所设置的会计科目应当为提供有关各方所需要的会计信息服务，满足对外报告与对内管理的要求。相关性原则又称有用性原则，是财务会计的基本原则之一，是指会计信息要同信息使用者的经济决策相关联，即人们可以利用会计信息做出有关经济决策。如果会计信息通过帮助使用者评估过去、现在或将来的事件，或者通过证实或纠正使用者过去的评价，而影响到使用者的决策，信息就具有相关性。

在美国等一些西方国家，相关性被视为会计信息的一个重要质量特征。一般认为，一项信息是否具有相关性，要取决于其预测价值、反馈价值的及时性。如果一项信息能帮助使用者预测未来事项的结果，则此项信息具有预测价值，使用者可根据预测的可能结果，作出最佳选择。由于信息的预测价值具有改变决策的能力，因而是相关性的重要组成因素。如果一项信息能使其使用者证实或更正过去的预测，并将实际结果反馈给决策者，通过与预期结果进行比较可以知晓过去的预期是否有误，从而避免作同样的决策时再犯错误。可见，信息的反馈价值有助于未来决策，因而也是相关性的重要组成因素。任何信息要想影响决策，就必须在决策之前提供。虽然及时提供的信息不一定具有相关性，但信息若不能及时提供必定会失去效用。

根据企业会计准则的规定，企业财务报告提供的信息必须满足对内对外各方面的需要，而设置会计科目必须服务于会计信息，必须与财务报告的编制相协调、相关联。

(3) 实用性原则

实用性原则，是指所设置的会计科目应符合单位自身特点，满足单位实际需要。企业的组织形式、所处行业、经营内容及业务范围等不同，在会计科目的设置上亦应有所区别。在合法性的基础上，企业应根据自身特点，设置符合企业需要的会计科目。对于会计科目的名称，在不违背会计科目使用原则的基础上，可以确定适合本企业的会计科目名称，满足企业内部管理的要求。

10.2.2　海域资源资产经营核算会计科目

1. 设置海域资源资产经营会计科目的意义

(1) 设置会计科目，是反映海域资源资产经营资金运动的重要手段

资金运动是社会主义再生产过程中有关资金的投入、使用、增殖、收回和分配等活动的总称。资金运动通过的过程、历经的阶段和采取的形态之间存在着互相依存、互相转化和互相制约的关系。

资金运动是复杂的，资金有各种来源，又按需要运用到各个方面。组织的资金在生产经营的供应、生产和销售过程

中，从货币资金形态经过储备资金形态、生产资金形态、产品资金形态，又回到货币资金形态，如此不断地循环往复。在资金运动中还涉及组织内部和外部的各方面关系，资金运动的复杂性，决定了海域资源资产经营会计核算的具体对象是十分复杂的。为了系统反映和监督纷繁复杂的海域资源资产经营会计核算的具体对象，就必须采用一定的形式，对其进行分类。

资金运动有两种表现形式，即静态表现形式和动态表现形式。随着市场经济特别是资金市场的不断发展，资金运动管理在企业管理中扮演着越来越重要的角色。资金在运动过程中具有并存性、继起性、补偿性与增值性等特点。资金运动并存性是指资金在循环周转中，几种占用形态并存。继起性是指资金在循环周转中顺序地从一种形态转化为另一种形态。资金并存是继起的条件，继起运动的结果又形成并存。资金运动补偿性是指资金在循环周转中消耗的数额必须在经营收入中获得补偿。增值性是指所获得的经营收入，除补偿耗费的资金数额外，还应有多余。

(2) 设置会计科目，是组织海域资源资产经营会计核算的依据

设置会计科目，是设置账户、进行账务处理的依据；同时，也是正确组织会计核算的重要依据。从某种意义上说，会计是一种分类的技术。为了全面、系统、分类地反映和监督各项经济业务的发生情况，就必须按照海域资源资产经营

会计核算的具体对象的不同特点，根据经济管理的要求，通过设置海域资源资产经营会计科目来进行分类别、分项目的核算，这样才能为组织内部经营管理和外部有关方面提供所需要的一系列完整的会计信息。

2. 设置海域资源资产经营核算会计科目的原则

(1) 必须符合海域资源资产经营会计核算目标的要求

会计核算目标是会计工作努力的方向和应达到的目的，因此，设置海域资源资产经营会计科目必须符合会计核算目标的要求。例如，组织的盈亏情况是海域资源资产经营会计核算信息使用者非常关心的，为此，必须设置“主营业务收入”“主营业务成本”“主营业务税金及附加”“财务费用”“管理费用”“营业费用”“本年利润”等科目，用于反映盈亏的形成，满足会计信息使用者的要求；再如，为了反映组织利润的分配情况，就需要设置“利润分配”科目。

(2) 既要强调统一性，又要考虑灵活性

海域资源资产经营会计科目的统一性，既包括会计科目的名称和核算内容应尽可能在时间上保持前后一致，又包括对一些重要会计科目的核算内容应在全省范围、行业范围内保持统一。但是，会计科目的设置，既要有统一性，又要有灵活性。例如，某些材料种类比较少的小型组织，可以根据组织的特点，将“原材料”“燃料”“包装物”等科目合并设置一个“原材料”科目；又如，在统一规定的会计科目中，设置有“预付账款”和“预收账款”科目，如果组织在生产经营活动中预付、预收款业务不多，可以不单独设置“预付账款”和“预收账款”科目，将预付、预收款合并在“应付账款”和“应收账款”科目核算。

（3）应保持相对稳定性

海域资源资产经营会计科目设置的稳定性，主要表现在会计科目的名称、含义，特别是每个科目的核算内容应保持相对稳定，这样，使会计核算资料在不同时期和一定的范围内具有可比性。

（4）应保证相互之间排他性

排他性是指在市场体制下，物品或服务的潜在用户能够被有效排除的性质。而科目之间的排他性，是指各个会计科目的核算内容应互相排斥，不同的会计科目不能有相同的核算内容，否则，相同的经济业务就会出现几种不同的会计科目，这样，就会造成会计核算上的不统一。因此，设置海域资源资产经营会计科目时，不同的会计科目之间应强调排他性，从而进一步保证会计核算的统一性和准确性。

10.3　海域资源资产经营账户

10.3.1　账户的概念与分类

账户是指对会计要素的具体内容所作的科学的分类，其包括两方面的内容：账户的名称、账户的用途与结构。

账户的基本结构应正确反映各要素的增减变动，其简略的结构一般由借方和贷方组成，形成一个“T”字形。为了正确地设置和运用账户，就需要从理论上进一步了解和认识各个账户的核算对象、具体结构和用途以及其在整个账户体系中的地位和作用，在此基础上掌握它们在提供核算指标方面的规律性，这即是账户进行分类的意义所在。

所谓账户分类是指对账户按性质、核算内容、用途和结构进行的归类。账户分类的主要方法有两种，即：按经济内容分类；按用途和结构分类。其中，按经济内容分类又是账户分类的基础。

账户按经济内容分类的实质是按照会计对象的具体内容进行的分类。如前所述，经济组织的会计对象就其具体内容而言，可以归结为资产、负债、所有者权益、收入、费用和利润六个会计要素。由于利润一般隐含在收入与费用的配比中。因此，从满足管理和会计信息使用者需要的角度考虑，账户按其经济内容可以分为资产类账户、负债类账户、所有者权益类账户、成本类账户和损益类账户等五类。资产类账户按照反映流动性快慢的不同可以再分为流动资产类账户和非流动资产类账户。流动资产类账户主要有：现金、银行存款、短期投资、应收账款、原材料、库存商品、待摊费用等；非流动资产类账户主要有：长期投资、固定资产、累计折旧、无形资产、长期待摊费用等。

10.3.2 海域资源资产经营账户

海域资源资产经营会计科目仅仅是一个分类的标志，没有结构，不能记录和反映经济业务内容。而海域资源资产经营账户是记录由于发生经济业务而引起海域资源资产经营会计核算的具体对象的增减变化的空间场地。账户有借方、贷方和余额，能记录和反映经济业务的增减变动情况及结果。两者的关系如同门牌号码和房子。

为了反映组织在经营海域资源资产时的交易事项与结果，可以设置四类专门性质账户：

第一类是反映海域资源资产原值及其折耗的账户，如海域资源资产、海域资源资产累计折耗等。

第二类是反映海域资源资产权益变动情况的账户，如实收海域资源资产等。

第三类是反映海域资源资产使用费缴纳情况的账户，如应付海域资源资产补偿费等。

第四类是反映经营海域资源资产过程与结果的账户，如海域资源资产成本、海域资源资产费用和海域资源资产开发收益等。

海域资源资产经营会计的账务处理方法具体如下。

取得海域资源资产时：

借：海域资源资产取得；

贷：库存现金或银行存款等。

当取得完成时：

借：海域资源资产；

贷：海域资源资产取得。

直接向所有者购买海域资源资产：

借：海域资源资产；

贷：银行存款。

以租赁方式向所有者租赁取得海域资源资产：

借：海域资源资产（以后各期支付租赁款的现值和）；

贷：长期应付款——应付资源租赁款。

若海域资源资产为国家所有者投入形成，在接受投资时：

借：海域资源资产；

贷：实收资本——国家资本（海域资源资产）。

海域资源资产折耗的会计处理（海域资源资产折耗的基数是海域资源资产上述资本化的价值减去预计残值后的余额）：

借：海域资源资产费用（成本）；

贷：海域资源资产累计折耗。

发生和缴纳海域资源资产使用费：

借：海域资源资产费用；

贷:应付海域资源资产补偿费。

实际缴纳时:

借:应付海域资源资产补偿费;

贷:银行存款。

10.4　海域资源资产经营利润、税金及相关费用

1. 利润核算

利润分为利润总额和税后利润两部分。

利润总额是在一定时期内实现盈亏的总额，是衡量盈亏的标志；是指企业在生产经营过程中各种收入扣除各种耗费后的盈余，反映企业在报告期内实现的盈亏总额。利润主要由营业利润、投资净收益、营业外收支净额三部分组成，同时还包括列入利润的其他收入项目，如承包户上交净收入、补贴收入以及以前年度损益调整等。

税后利润是指利润总额减去所得税后的余额。

作为利润主要构成项目的营业利润是各主营业务利润加其他业务利润总额扣除期间费用（管理费用、财务费用、营业费用）后的余额。主营业务利润是主营业务收入减去主营业务成本、主营业务税金及附加后的余额。

以上计算可用如下公式表示：

利润总额＝营业利润＋投资净收益＋营业外收支净额＋其他列入利润的收入项目

净利润＝利润总额－所得税

营业利润＝主营业务利润＋其他业务利润－管理费用－财务费用－营业费用

主营业务利润＝主营业务收入－主营业务成本－主营

业务税金及附加

为了正确地核算盈亏情况，应设置“本年利润”账户，该账户贷方登记期末（月末）结转的主营业务收入、其他业务收入、投资收益的贷方余额、补贴收入、营业外收入、以前年度损益调整的贷方余额等；借方登记期末（月末）结转的主营业务成本、主营业务税金及附加、其他业务支出、管理费用、财务费用、营业费用、投资收益的借方余额、营业外支出、所得税、以前年度损益调整的借方余额等。期末该账户贷方余额反映盈利，出现借方余额反映亏损。在以上利润的组成项目中，期间费用（包括管理费用、财务费用和营业费用）、销售税费和营业外收支的内容比较复杂，下面进一步说明。

（1）期间费用

期间费用是指不能直接归属于某一个特定产品成本的费用。期间费用容易确定其发生的期间，却难以判别其应归属的产品，因而在发生的当期便从当期损益中扣除。期间费用包括管理费用、营业费用和财务费用。期间费用包含以下两种情况：一是企业发生的支出不产生经济利益，或者即使产生经济利益但不符合或者不再符合资产确认条件的，应当在发生时确认为费用，计入当期损益。二是企业发生的交易或者事项导致其承担了一项负债，而又不确认为一项资产的，应当在发生时确认为费用计入当期损益。

期间费用是企业日常活动中所发生的经济利益的流出。其之所以不计入一定的成本核算对象，主要是因为期间费用是为组织和管理企业整个经营活动所发生的费用，与可以确定一定成本核算对象的材料采购、产成品生产等支出没有直接关系，因而期间费用不计入有关核算对象的成本，而是直接计入当期损益。

管理费用是指为管理和组织生产经营活动而发生的各种费用，包括场(厂)部经费、工会经费、职工教育费、劳动保险费、待业保险费、董事会费、咨询费、审计费、诉讼费、排污费、绿化费、房产税、车船税、印花税、土地使用费、技术开发费、无形资产的摊销、开办费摊销、业务招待费、坏账损失、存货跌价损失、短期投资跌价损失、存货盘亏和报废的转销等。管理费用包括的内容较多，以工业企业为例具体包括：公司经费，即企业管理人员工资、福利费、差旅费、办公费、折旧费、修理费、物料消耗、低值易耗品摊销和其他经费；工会经费，即按职工工资总额的一定比例计提拨交给工会的经费；职工教育经费，即按职工工资总额的一定比例计提，用于职工培训学习以提高文化技术水平的费用；劳动保险费，即企业支付离退休职工的退休金或按规定交纳的离退休统筹金、价格补贴、医药费或医疗保险费、退职金、6 个月以上病假人员工资、职工死亡丧葬补助费及抚恤费、按规定支付离休人员的其他经费；待业保险费，即企业董事会或最高权力机构及其成员为执行职能而发生的差旅费、会议费等；咨询费，即企业向有关咨询机构进行科学技术经营管理咨询所支付的费用。这些费用都归集在“管理费用”账户的借方。

营业费用是指为销售产品而发生的应由销售方承担的运输费、装卸费等。广告费支出的金额不论多大，都应当作为生产经营性支出，计入营业费用，而不能形成资本性支出，记入“无形资产”账户。以上这些费用的发生，都应归集在“营业费用”的借方。在制造企业中，营业费用就是销售费用。而在商业性企业中，由于进货费用也全部作为期间费用，因此，营业费用不仅包括销售费用，还包括在购买商品过程中发生的运输费、装卸费、包装费、保险费，运输途中的合理损耗和入库前的挑选整理费等。企业应设置“营业费用”科目，反映营业费用的发生及结转。发生营业费用时，借记该科目，贷记“现金”“银行存款”“应付工资”等科目；期末，应将该科目的余额转入“本年利润”科目，结转后该科目应无余额。“营业费用”科目应按费用项目设置明细科目，进行明细分类核算。

财务费用是指为筹集资金而发生的各项费用。主要包括利息、汇兑损益、金融机构手续费和资金占用费等。发生的银行存款的利息支出、手续费、资金占用费和汇兑损失记入“财务费用”账户的借方，发生的利息收入和汇兑收益记入“财务费用”账户的贷方，冲减财务费用。应注意的是，为购建固定资产的专门借款所发生的借款费用，在固定资产达到预定可使用状态前按规定应予资本化的部分，应计入有关固定资产的购建成本。企业应设置“财务费用”科目，反映财务费用的发生和结转。发生财务费用时，借记该科目，贷记“预提费用”“银行存款”“长期借款”等科目；发生应冲减的利息收入、汇兑收益，借记“银行存款”“长期借款”等科目，贷记该科目；期末，应将该科目结转至“本年利润”科目，结转后该科目应无余额。“财务费用”科目应按费用项目设置明细科目，进行明细分类核算。

以上三种期间费用的发生数都归集在三个账户的借方或贷方，会计期末（月末）的账户借方余额，分别从几个账户的贷方转入“本年利润”账户的借方，直接冲减损益。

(2) 销售税费和消费税

销售税费是指组织在销售环节发生的税金和应交纳的各种费用，包括营业税、城市维护建设税、教育费附加等费用。这些税金和费用的计算与提取一般都在销售环节，按海域资源资产的销售收入乘以一定的比例税率和提取率来计算和计提。

消费税以税法规定的特定产品为征税对象。即国家可以根据宏观产业政策和消费政策的要求，有目的地、有重点地选择一些消费品征收消费税，以适当地限制某些特殊消费品的消费需求；不同的产品设计不同的税率，同一产品同等纳税；消费税是价内税，是价格的组成部分；消费税实行从价定率和从量定额两种计算方法。

(3) 营业外收支

营业外收支是指与企业的业务经营无直接关系的收益和支出，又称营业外损益，是企业财务成果的组成部分。营业外收支是指企业发生的与其生产经营活动无直接关系的各项收入和各项支出。在中国，国营企业的营业外收支项目和范围，由国家统一规定。它是利润总额的组成部分，其内容包括营业外收入与营业外支出。营业外收入的项目，主要有租金收入、没收逾期未退包装物的押金收入、应补产品价外补贴和无法支付的应付款项等。营业外支出的项目，主要有劳动保险费用、职工子弟学校经费、技工学校经费、新产品试制失败损失、非常损失、呆账损失、治理三废支出等。

营业外收入是指企业确认与企业生产经营活动没有直接关系的各种收入。营业外收入并不是由企业经营资金耗费所产生的，不需要企业付出代价，实际上是一种纯收入，不需要与有关费用进行配比。因此，在会计核算上，应当严格区分营业外收入与营业收入的界限。通俗一点讲就是，除企业营业执照中规定的主营业务以及附属的其他业务之外的所有收入 视为营业外收入。一般采用贷方多栏式明细账格式进行分类核算。包括固定资产的盘盈和处置的净收益、非货币性交易收益、出售无形资产收益、确实无法支付的应付款、教育费附加返还款、罚款收入等。

营业外支出是指企业在生产经营期间，固定资产清理所发生的损失，借记“营业外支出”科目（处置固定资产净损失），贷记“固定资产清理”科目。企业在清查财产过程中，查明固定资产盘亏，借记“营业外支出”科目（固定资产盘亏），贷记“待处理财产损益——待处理固定资产损溢”科目。营业外支出包括固定资产盘亏和处置的净损失，非常停工损失，出售无形资产损失，计提的固定资产、无形资产、在建工程减值准备，债务重组损失，子弟学校和技工学校经费，非常损失，公益救济性捐赠支出，支付的赔偿金、违约金、滞纳金，被没收的财产损失等。

组织发生的营业外收支，分别在“营业外收入”和“营业外支出”账户中核算，期末分别转入“本年利润”账户的借方和贷方。

2. 财务成果考核指标

财务成果是企业一定生产期间经营活动的最终成果，是企业在一定会计期间所实现的各种收入（收益）大于相关费用（支出等）以后的差额。如果收入小于费用，其差额为企业的亏损。财务成果是企业在一定时期内从事全部生产、经营活动所取得利润或发生的亏损。它综合反映企业生产、经营活动情况，是考核企业经营管理水平的一个综合指标。

财务评价指标体系包括八项指标，大致可分为三类，即偿债能力指标（资产负债率、流动比率、速动比率）、营运能力指标（应收账款周转率、存货周转率等）和获利能力指标（销售税利率、成本费用利润率、资本金利润率等）。其中获利能力的三个指标是对财务成果的考核指标。

（1）销售利税率是指利税总额与销售净收入的比率。它反映销售收入的盈利能力，反映企业销售收入的收益水平和贡献程度，用来衡量销售收入的收益水平的指标，即1元销售收入能带来多少利税。其计算公式为：

销售利税率＝利税总额/销售收入×100%

（2）成本费用利润率是用来衡量成本费用与利润关系的指标，它反映投入产出水平，即所得与所费的比率。是企业一定期间的利润总额与成本、费用总额的比率。成本费用利润率指标表明每付出1元成本费用可获得多少利润，体现了经营耗费所带来的经营成果。该项指标越高，反映企业的经济效益越好。其计算公式为：

成本费用利润率＝利润总额/成本费用总额×100%

（3）资本金利润率用来衡量投入资本的获利能力的指标，是利润总额占资本金（即实收资本、注册资金）总额的百分比，是反映投资者投入企业资本金的获利能力的指标。企业资本金是所有者投入的主权资金，资本金利润率的高低直接关系到投资者的权益，是投资者最关心的问题。一般来说，资本金利润率越高越好，如果高于同期银行利率，则适度负债对投资者来说是有利的；反之，过高的负债率将损害投资者的利益。其计算公式为：

资本金利润率＝净利润/资本总金额×100%

第11章 海域资源资产使用权流转

11.1　海域资源资产使用权流转审批程序

1. 使用权流转的概念

使用权是指不改变财产的本质而依法加以利用的权利，通常由所有人行使，但也可依法律、政策或所有人之意愿而转移给他人。使用权的流转主要包括参股、抵押、租赁、转让等，这些使用权的流转行为关系到双方当事人的权利与义务，必须要有严格的审批程序。

2. 海域资源资产使用权流转审批程序

为保证海域资源资产使用权参股、租赁、抵押、转让行为的合法性，保护当事双方权利及国家所有者的权利，海域资源资产行政管理部门应对海域资源资产使用权参股、租赁、抵押、转让行为进行审批管理。参考一般产权交易过程，我国企业（个人）海域资源资产使用权参股、租赁、抵押、转让应遵循如下基本审批程序：

（1）申请

企业（个人）对海域资源资产使用权参股、租赁、抵押、转让等行为向海域行政主管部门提出申请并提交身份证明、海域资源资产使用权权属证明、合同等相关材料。

（2）审查

接到申请后，海域行政主管部门应对资料情况进行详细审查了解，凡未按规定的期限和条件投资开发、利用海域的，权属不清、四邻有纠纷的等不予办理手续。

（3）现场勘察

现场勘察应与有关资料对照核实，同时考虑他项权利等因素，并制图确定海域四至、面积，必要时需经有关部门签章认可。

（4）评估

对海域资源资产使用权参股、租赁、抵押、转让相关价格进行评估。

（5）审批

审批内容包括合法性、收取税费等情况。

（6）交纳有关税费

11.2 海域资源资产使用权参股

1. 海域资源资产使用权参股内涵

参股本身的意思是持有某上市公司一定数量的股票，也可叫参股某公司。参股之后即成为公司的股东。股东的权利通常简称为股权或股东权，是指股东基于其出资在法律上对公司所享有的权利。

海域资源资产使用权参股是指将海域资源资产使用权以资本的形式投入到某个组织，其权利所有者享有投入对应金额股东的同等权利。海域资源资产使用权参股使海域的产权行使更加多样化，但有一点需要注意，按照现代企业制度，公司是企业法人，有独立的法人财产，享有法人财产权；公司以其全部财产对其债务承担责任，有限责任公司的股东以其认缴的出资额为限对公司承担责任；股份有限公司的股东以其认购的股份为限对公司承担责任；所以海域资源资产使用权参股后也一样，性质上都是公司股份，同属于公司资产，不可收回。

2. 海域资源资产使用权参股操作要点

结合海域资源资产使用权的实际特性，在海域资源资产使用权参股的过程中，需要关注一些要点。只有掌握了海域资源资产使用权参股过程中的这些要点，才能有效地进行海域资源资产使用权参股。

(1) 海域资源资产使用权参股必须以宗海为基本单位

权属界址线所封闭的用海单元称宗海。单位和个人取得两宗以上海域的,应当按宗分别申请入股。两个以上海域使用人使用同一宗海域的,应当共同申请入股。

(2) 海域资源资产使用权参股应按照权限实行分级审批

省政府批准的项目用海,由省级海域行政主管部门处理;县级以上地方人民政府批准的项目用海,由批准用海的地方海域行政主管部门处理,同级海洋行政主管部门负责具体有关参股的相关事宜。变更股份使用权登记、注销权利登记和其他项权利应由原海域资源资产使用权相关管理机关办理。

(3) 对于设定他项权利的海域资源资产使用权参股,应由权利双方共同提出申请。

(4) 相关的管理部门应当在海域资源资产使用权参股后进行公告。

11.3　海域资源资产使用权租赁

1. 海域资源资产使用权租赁的含义与种类

一般意义上的租赁是一种以一定费用借贷实物的经济行为，出租人将自己所拥有的某种物品交与承租人使用，承租人由此获得在一段时期内使用该物品的权利，但物品的所有权仍保留在出租人手中。承租人为其所获得的使用权需向出租人支付一定的费用(租金)。租赁可从不同的角度进行分类，从租赁的目的划分，可分为融资租赁和经营租赁。

从租赁的定义我们可以得出海域的使用权租赁是指海域资源资产的所有者或使用者，将海域的使用权、经营权在一定时期内租给承租人使用并收取租金的行为。

海域资源资产的使用权租赁也大致可以分为两类，即融资租赁和经营租赁。海域资源资产使用权租赁可以有两种方式：一是海域所有者即国家，将国有海域资源资产使用权出租给海域使用者，这种方式称之为国有海域资源资产租赁；二是海域使用者将海域资源资产使用权出租给另一海域使用者，这种方式称之为海域资源资产使用权出租。

2. 海域资源资产使用权租赁合同的签订

租赁合同是指出租人将租赁物交付给承租人使用、收益，承租人支付租金的合同。在当事人中，提供物的使用或收益权的一方为出租人；对租赁物有使用或收益权的一方为承租人。租赁物须为法律允许流通的动产和不动产。租赁合同的内容应包括租赁物的名称、数量、用途、租赁期限、租金以及其支付期限和方式、租赁物维修等条款。

租赁海域资源资产使用权应签署租赁合同。海域资源资产使用权租赁合同的签署应注意以下几点：

（1）海域资源资产使用权租赁双方需经友好协商，就租赁海域资源资产使用权从事海域资源资产开发利用事宜达成一致意见，为明确双方的权利与义务，订立租赁合同，并供双方共同遵照执行。

（2）租赁合同中要明确海域的坐落位置、海域面积、海域规划用途、海域现状、海域资源资产使用权权属、海域资源资产使用权期限、海域资源资产使用权租赁期限、海域资源资产使用权租金等问题。

其中，权属不清或者权属有争议的海域资源资产使用权不应承租；承租人应当按照海域资源资产使用权证书确定的面积、年限和用途使用海域。

（3）租赁合同中要注明在租赁期限内，除本合同另有约定外，海域资源资产使用权出租方不得提前收回海域资源资产使用权。如若提前收回，需要进行合理补偿。

（4）租赁合同中要明确租赁双方各自的权利义务关系。如出租方有收取租金的权利、及时完整地向承租方提供租赁海域资源资产使用权的义务；承租方有权依据合同的约定使用海域、须向出租方及时按合同支付租金的义务等。

(5) 合同还要标明违约责任、不可抗力的情形及合同效力等内容。

(6) 海域资源资产使用权出租,其固定附属用海设施应随之出租。

11.4 海域资源资产使用权抵押

1. 海域资源资产使用权抵押的含义

抵押是指债务人或者第三人不转移某些财产的占有，将该财产作为债权的担保。债务人不履行债务时，债权人有权依法以该财产折价或者以拍卖、变卖该财产的价款优先受偿。抵押是建立在某些特定的物之上的，是一种债的担保形式。它主要保障债权人在债务中不履行债务时有优先受偿的权利，而这一优先受偿权是以设置抵押的实物形态变成值来实现的，所以抵押是以抵押人所有的实物形态为抵押主体，以不转移所有权和使用权为方式，作为债务担保的一种法律保障行为。

借鉴抵押的概念，可以将海域资源资产使用权抵押定义为：海域资源资产使用权人依照有关法律作为债务人以其拥有的海域资源资产使用权在不转移占有的前提下，向债权人提供担保的行为。

2. 海域资源资产使用权抵押的条件

根据《中华人民共和国担保法》的规定，抵押是指债务人或者第三人不转移对抵押财产的占有，而将该财产作为债权的担保。债务人不履行债务时，债权人有权依法以该财产折价或者以拍卖、变卖该财产的价款优先受偿。可见，海域资源资产使用权作为一种财产权利，海域资源资产使用权人可以根据自身利益的需求将其作为抵押物进行抵押活动。但海域资源资产使用权人不必将海域资源资产使用权转移给债权人，而自己可继续对海域资源资产使用权进行使用、收益，只有当债务不能履行时，才可能出现海域资源资产使用权的流转。海域资源资产使用权抵押必须具备以下几个条件：

(1) 抵押人必须依法取得海域资源资产使用权，且没有权属不清或者权属有争议的情况。

(2) 海域资源资产使用权抵押活动不得损害国家海域所有权和国家利益，不得改变海域资源资产使用权规定的海域用途和用海期限。

(3) 海域资源资产使用权抵押必须进行抵押登记。由于海域资源资产使用权抵押的设立，不仅影响到抵押人和抵押权人的利益，还可能影响到与海域使用有关各方的利益，因此，海域资源资产使用权抵押必须办理登记手续。

(4) 海域资源资产使用权抵押时，其固定附属用海设施应随之抵押。

11.5 海域资源资产使用权转让

一般意义上的转让就是把自己的东西或合法利益或权利转让给他人，有产权、债权、资产、股权、营业、著作权、知识产权、经营权、租赁权等权利的转让。转让的主要形式有合同转让、协议转让、招标转让、背书转让、继承转让等。海域资源资产使用权转让是指将海域资源资产的合法使用权转让给他人。

笔者认为，海域资源资产使用权转让应考虑以下条件：

(1) 在现有的《海域使用权管理规定》(2007 年颁布实施)中对海域资源资产使用权的转让条件做了限定，其中有一款规定为“不改变海域用途”，笔者认为这会对海域资源资产市场发展产生制约影响。海域资源资产市场的繁荣主要还需要依靠二级市场的流转手段。所以如果在海域资源资产使用权流转过程中限定不得改变海域用途，那就不可避免地会对海域资源资产开发行为产生束缚，也会打击海域资源资产开发者的积极性，不利于海域资源资产市场的活跃与发展。对此，应当进行修改和完善，可以规定对转让后的海域资源资产用途发生改变的，须事先向海域资源资产行政主管部门提出申请，经审核批准，方可进行转让。

(2)《海域使用权管理规定》对转让后的海域资源资产使用权限定期限等方面没有明确界定，但是使用期限的规定对于一个资源使用权来说是必不可少的。因此笔者认为海域资源资产使用权的转让使用年限应为原海域资源资产使用权取得合同规定的使用年限减去原海域使用者的使用年限后剩余年限。同时,转让合同终止日期和建设项目完成日期不得超过原取得合同所规定的终止日期。

(3) 海域资源资产使用权转让后,原取得合同规定的海域资源资产使用权受让人的权利、义务全部随之转移,其固定附属用海设施也应随之转让。

(4) 原海域资源资产使用权人在转让海域资源资产使用权时,应确保已按规定缴纳海域使用金,没有违法用海行为或违法用海行为已依法处理。海域资源资产使用权取得时免缴或者减缴海域使用金的,补缴海域使用金后方可转让。

(5) 存在海域资源资产使用权转让人不是合法拥有海域资源资产使用权的、海域资源资产使用权权属不清或者有争议等情况,不能进行海域资源资产使用权的转让。

(6) 双方当事人应当办理海域资源资产使用权转让登记手续。

参考文献

[1] [美]阿尔钦. 公司管理和产权[J]. 经济社会体制比较,1991(1).

[2] J M 阿姆斯特朗,P C 赖纳. 美国海洋问题研究[M]. 北京:海洋出版社,1986.

[3] [美]巴泽尔. 产权的经济分析[M]. 上海:上海三联书店,1997.

[4] 蔡悦荫,赵全民,王伟伟. 中国海域有偿使用制度实施现状及建议[J]. 海洋开发与管理,2012(11).

[5] 曹英志. 海域资源配置方法研究[D]. 青岛:中国海洋大学,2014 年博士学位论文.

[6] 陈万灵,郭守前. 海洋资源特性及其管理方式[J]. 湛江海洋大学学报,2002(4).

[7] 陈艳,慕永通. 渔业管理问题之经济学透视[J]. 生态经济,2007(7).

[8] 陈艳,文艳. 海域资源产权的流转机制探讨[J]. 海洋开发与管理,2006(1).

[9] 陈艳,赵晓宏. 我国海洋管理体制改革的方向及目标模式探讨[J]. 中国渔业经济,2006(3).

[10] 崔建远. 公共物品与权利配置[J]. 法学杂志,2006(1).

[11] [美]戴维斯,诺斯. 制度变迁的理论:概念与原因,财产权利

与制度变迁[M]. 上海:上海人民出版社,1994.

[12] 戴桂林,王雪. 我国海洋资源产权界定问题探索[J]. 中国海洋大学学报(社会科学版),2005(1).

[13] [美]丹尼尔·W布罗姆利. 经济利益、经济制度[M]. 上海:上海三联书店,1994.

[14] [美]德姆塞茨. 关于产权的理论[J]. 美国经济评论,1967(6).

[15] E G 菲吕博腾,S 配杰威齐. 产权与经济理论:近期文献的一个综述[J]. 经济社会体制比较,1992(1).

[16] 高艳. 海洋综合管理的经济学基础研究——兼论海洋综合管理体制创新[D]. 青岛:中国海洋大学,2004 年博士学位论文.

[17] 巩固. 海域使用权制度的环境经济学分析[EB/OL]. 中国环境资源法学网,2009-02-11.

[18] 谷树忠. 资源性资产[M]. 北京:中国大百科全书出版社,2000.

[19] 郭国荣,方虹. 我国资源产权制度安排的缺陷与优化[J]. 产权导刊,2006(4).

[20] 韩立民,陈艳. 共有财产资源的产权特点与海域资源产权制度的构建[J]. 中国海洋大学学报(社会科学版),2004(6).

[21] 郝俊英,黄桐城. 环境资源产权理论综述[J]. 经济问题,2004(6).

[22] EhlerCharles, Fanny Douvere. 海洋空间规划——循序渐进走向生态系统管理[M]. 何广顺,等,译. 北京:海洋出版

社，2010.

[23] 贺义雄，勾维民. 海洋资源资产价格评估研究——理论、方法、应用[M]. 北京：海洋出版社，2015.

[24] 贺义雄. 我国海洋资源资产产权及其管理研究[D]. 青岛：中国海洋大学，2008 年博士学位论文.

[25] 黄少安. 国有资产管理概论[M]. 北京：经济科学出版社，2000.

[26] 姜文来，杨瑞珍. 资源资产论[M]. 北京：科学出版社，2003.

[27] 金雪涛，刘祥峰. 环境资源负外部性与产权理论的新进展[J]. 中国水利，2007(8).

[28] [美]科斯，阿尔钦，诺斯. 财产权利与制度变迁[M]. 上海：上海人民出版社，1994.

[29] 蓝虹. 环境产权经济学[M]. 北京：中国人民大学出版社，2005.

[30] 黎常. 公共物品的产权分析及供给安排[J]. 经济体制改革，2002(4).

[31] 李金昌，姜文来，靳乐山. 生态价值论[M]. 重庆：重庆大学出版社，1999.

[32] 李仁安，黄轶芳. "公共地悲剧"的博弈分析[J]. 商业研究，2006(7).

[33] 李晓冬，梁湘波. 初论我国海域使用权流转体系的建立与完善[J]. 海洋开发与管理，2014(6).

[34] 林奕田. 土地资源配置市场化机制研究[D]. 厦门：厦门大学，2006 年硕士学位论文.

[35] 刘升. 论我国海域使用权抵押[J]. 海洋开发与管理,2010(10).

[36] 刘伟. 我国城市土地资源配置机制研究[D]. 哈尔滨:哈尔滨工业大学,2006 年硕士学位论文.

[37] 刘喜广,王福强,王迎宾. 土地资源可持续利用的影响因素及对策[J]. 现代农业科技,2006(5).

[38] 鹿守本,艾万寿. 海岸带综合管理——体制与运行机制研究[M]. 北京:海洋出版社,2001.

[39] 鹿守本. 海洋管理通论[M]. 北京:海洋出版社,1997.

[40] 乔俊果. 海洋资源过度利用的经济学分析及其对策探讨[J]. 渔业经济研究,2006(2).

[41] 沈满洪. 资源与环境经济学[M]. 北京:中国环境科学出版社,2007.

[42] [德]史漫飞,柯武刚. 制度经济学[M]. 北京:商务印书馆,2000.

[43] 史志良. 工业资源配置[M]. 北京:经济管理出版社,1997.

[44] 史忠良,肖四如. 资源经济学[M]. 北京:北京出版社,1993.

[45] 孙吉亭. 我国海洋资源负外部性的消除与可持续利用[J]. 东岳论丛,2001(5).

[46] 汪磊,黄硕琳. 海域使用权一级市场流转方式比较研究[J]. 广东农业科学,2010(6).

[47] 王德成. 浅谈土地资源的优化配置内涵与配置方法[J]. 黑龙江科技信息,2008(10).

[48] 王淼,吕波. 中国海洋资源性资产流失成因与治理对策[J].

资源科学，2006(9).

[49] 王森，秦曼.海洋渔业资源开发利益相关者的行为博弈[J].中国渔业经济，2007(3).

[50] 王琪.海洋管理从理念到制度[M].北京：海洋出版社，2007.

[51] 王曙光.论中国海洋管理[M].北京：海洋出版社，2004.

[52] 王兆君.国有森林资源资产运营研究[M].北京：中国林业出版社，2003.

[53] 王子平，冯百侠，徐静珍.资源论[M].石家庄：河北科学技术出版社，2001.

[54] 吴克勤，黄南春.海域使用权配置的经济学分析[J].渔业经济研究，2009(6).

[55] 吴学渊，王文涵.国有资本营运与监督[M].北京：中国经济出版社，1999.

[56] 谢识予.经济博弈论(第二版)[M].上海：复旦大学出版社，2002.

[57] 于青松.合理配置海域资源为建设海洋强国提供保障[J].海洋开发与管理，2012(12).

[58] 袁恩桢，林益彬.国有资产管理、运营与监督[M].上海：上海社会科学出版社，2001.

[59] 约翰.R 克拉克.海岸带管理手册[M].吴克勤，等，译.北京：海洋出版社，2000.

[60] 张德贤，陈中慧，戴桂林，等.海洋经济可持续发展理论研究[M].青岛：青岛海洋大学出版社，2000.

[61] Adalberto Vallega.海洋可持续管理——地理学视角[M].

张耀光,等,译.北京:海洋出版社,2007.

[62] 赵建新.资源及其合理配置初步研究[J].经济地理,1991(3).

[63] 周承.海域配置市场化:实践、问题与对策[J].广东海洋大学学报,2010(5).

后　　记

本书的研究起因可以追溯到2012年。当年,国家发展和改革委员会价格认证中心委托贺义雄、勾维民、桑田成等研究团队成员就全国海洋资源资产价格评估师资格认证编写培训教材。随后,我们主持编写了《海洋资源资产价格评估理论与实务》《海洋资源资产价格评估案例选编》两本教材。在编写过程中,研究团队对海域资源资产产权交易有了较系统的了解与认知,走近了海域资源资产经营。

在随后的几年中,团队承担了若干海域资源资产产权交易相关的全部或部分实际工作。通过这些海域资源资产产权交易实践,我们加深了对海域资源资产经营的理解,走进了海域资源资产经营。

2013年,中国工程院院士丁德文来到大连海洋大学,为经济管理学院师生作了"新时期海洋经济学研究的态势"学术报告。以此为契机,我们更进一步系统思考了海域资源资产经营问题,有了更充分全面的系统理论认知。

2014年初,笔者决定对已取得的相关研究成果进行系统化梳理,同时结合几年来的产权市场交易、价格评估等方面实践经验对海域资源资产经营问题进行进一步研究。研究过程中,就相关内容反复推敲,查证了大量资料,最终形成了

《中国海域资源资产经营研究》一书。

在本书写作过程中，得到了大连海洋大学经济管理学院勾维民教授、乔翔副教授、张瑜副教授、郑鹏副教授，国家海洋局海域管理技术重点实验室赵全民研究员等的大力支持，在此表示诚挚的感谢。同时，对于大连海洋大学桑田成老师、孙培立老师等相关同仁在本书写作过程中给予的无私帮助，一并致谢。

感谢东南大学出版社编辑孙松茜女士为本书出版付出的辛勤劳动，感谢其他审校工作人员的工作！

作　者

2016 年 6 月